把热爱变成事业

凯莉彭(彭瑜薇) 著

电子工业出版社·

Publishing House of Electronics Industry

北京·BEIJING

U0748737

内容简介

这是一本写给渴望找到热爱、收获自由人生的人的书。

作者曾是硅谷职场精英，但是她毅然"裸辞"，把热爱的事变成了自己的事业，过上时间自由、地点自由、收入理想的生活。

本书主要内容包括：

真实转型路径：探索热爱、把热爱变成事业的完整历程。

六步方法论：可复制的个人商业启动指南。

实操工具箱：个人品牌、产品设计、团队组建攻略。

翻开这本书，找到你的自由之路，让热爱成为事业，让人生不留遗憾！

图书在版编目（CIP）数据

把热爱变成事业 / 凯莉彭著. -- 北京：电子工业出版社，2025. 5（2025. 11重印）. -- ISBN 978-7-121-50192-0

Ⅰ. B848.4-49

中国国家版本馆CIP数据核字第20258FT416号

责任编辑：张月萍
印　　刷：河北鑫兆源印刷有限公司
装　　订：河北鑫兆源印刷有限公司
出版发行：电子工业出版社
　　　　　北京市海淀区万寿路173信箱　　邮编：100036
开　　本：880×1230　　1/32　　印张：9.5　　字数：231千字
版　　次：2025年5月第1版
印　　次：2025年11月第2次印刷
定　　价：78.00元

凡所购买电子工业出版社图书有缺损问题，请向购买书店调换。若书店售缺，请与本社发行部联系，联系及邮购电话：（010）88254888，88258888。

质量投诉请发邮件至zlts@phei.com.cn，盗版侵权举报请发邮件至dbqq@phei.com.cn。

本书咨询联系方式：faq@phei.com.cn。

前言

如果时间倒流回2020年之前，我怎么也不会想到，有一天我会放弃高薪工作，"裸辞"创业。当时的我在美国硅谷做数据科学家，每天的生活按部就班，未来的生活轨迹清晰可见。谁也不会想到，我做了一个从未想过的决定，而这个决定，让我走上了完全不同的人生道路，一条把热爱变成人生事业的道路。

我本科就读于武汉大学，研究生就读于美国伊利诺伊大学香槟分校。毕业后，我一直在硅谷工作。在职场努力打拼的我，一心想要学会更多的技能，让自己更值钱。于是我一路从商科生，到数据分析师，然后又转型成为数据科学家，并且加入了我最想去的公司——当时硅谷炙手可热的独角兽公司——Airbnb。我把公司当成家，把同事当作家人，周末也喜欢去公司坐坐，和同事一起加班、一起锻炼。

然而，2020年发生的一件事，彻底改变了我对上班打工的看法，让我从过去的思维方式中觉醒。2020年初，新冠疫情席卷全球，全球旅游市场大幅缩水，Airbnb的业绩直线跳水。那年5月5日，CEO宣布裁员1900人，占比25%，我就是其中之一。刚被裁员后的那两天，我十分伤心，甚至哭过几回，早上5点就会惊醒，以为这一切都是梦。

同时我也开始反思，**在公司的这几年，除了简历上多了一个公司名字、几行项目描述，我还能带走什么？让我感到很后悔的是，我没有坚持经营自己的个人品牌。**

入职Airbnb之前，我写过几篇英文博客，三篇里两篇都是被广泛传播的爆款。我先是写了一篇总结网课的博客，被放入硅谷科技公司招聘数据科学家的面试资料里。后来又写了一篇博客，记录自己从数据分析师转型为数据科学家，并进入Airbnb的经历，没想到刚发出来不到一天，就立刻被"病毒式"传播。

过去的几年，成百上千名世界各国的陌生人给我发来消息，感谢我分享自己的经历，让他们有了追寻梦想的信心和勇气。这让我深深地感受到内容创作的力量。它的力量巨大而且可持续，它的影响不分种族、性别、年龄，跨越时间和空间。

但是，在入职Airbnb以后，看到身边的同事都那么优秀，我觉得自己不够好，我应该埋头做事。于是我停止了更新博客——工作这么忙，先把工作做好吧，你看，同事们都那么优秀，也没有天天在网上"显摆"呀。

结果，这一停，就停了两年。直到被裁员，我才幡然醒悟——我为什么一直在埋头苦干、为别人作嫁衣裳？我喜欢写就应该坚持写，想说什么就应该说什么。**我根本不该在乎别人的看法，不应为别人的评价而活。**

虽然在一家好公司上班，能获得一些资源红利，但是公司响亮的名号能带来的红利，有着时间和空间的限制。而为了获得这些红利，你交换的是你最宝贵的青春。我最大的老板应该是我自己。经营自己的个人品牌、打造属于自己的事业，这才是真正属于我的资本。

这是我人生第一次经历裁员，我感恩它发生在我还算年轻的时候，帮助我彻底换了一条人生道路。

虽然我很快就找到了下一份工作，但是我提出推迟入职，我想休息3个月，停下来，想一想。在这3个月的休息时间里，我注册了公众号、视频号、小红书等自媒体平台账号，重新开始输出内容，分享我过去几年在硅谷工作和生活的思考，讲述我见过的有趣的人和事，分享我读过的好书等。3个月里，我一共写了9万字的文稿。在这段时间里，我初次尝试制作短视频，第一条视频一经发出，便再次幸运地成了爆款，也让我在短短两周之内就获得了上万人的关注。

我非常庆幸自己选择重新开始做内容。自媒体帮我打开了眼界，改变了我的人生轨迹。

过去四五年，我所看到的世界就只有硅谷。身边的人都在科技公司工作，认识的十个勤恳工作的人中，九个人的目标都是升职、加薪、跳槽去好公司、拿到更大的薪资包裹。所以我自己也觉得，在职场爬梯子、跳槽去好公司拿大包裹，就是自己理所当然的追求。

在3个月的休息时间里，通过自媒体，我的世界一下子扩大了很多。我认识了几个通过创业获得财富自由的姐姐，认识了周游世界经历十分精彩的博主，认识了在各行各业叱咤风云的大咖，还有很多和我同频、一样追求成长和进步的朋友……

很多时候我们没做一件事，不是因为能力不够，而是因为我们压根儿就没想到过。如果看到身边有人做到了，我们也会受到影响，会情不自禁地思考——我是不是也可以做到？

于是，我就这么跳出了原有的圈子和思维，在心里种下了一颗不想打工的种子。

3个月后，我重新回到职场，继续做数据科学家。但是，我的想法已经彻底变了。我决定给自己1年时间，去寻找不打工的出路。这一年，我每天斗志满满，周一到周五的白天，认认真真上班，晚上和周末不休息，琢磨其他生意。

2020年，由于新冠疫情，商场纷纷关门，带火了电商平台，也带火了跨境电商业务。于是，在2020年底，我开始尝试运作跨境电商，把货品从国内运到美国，在各大电商网站上销售。自己和商家谈价钱、找物流公司、给商品拍照、上链接、做客服、经营社交媒体。疫情期间大家都居家办公，于是每次收到订单消息，我就在上班时间的间隙打包商品，下班后将商品送到邮局。

与此同时，我还尝试了科技创业，毕竟人在硅谷，难免受环境影响。硅谷是世界科技创新创业之都，在这里，如果你的创业项目不是科技创业，那么你似乎就不是在创业。科技创业做什么呢？通过经营跨境电商业务，我意识到跨境物流的水很深、坑很多，自己也曾因为货物丢失而损失了上万元。于是我拉上几个小伙伴，做了一个网站，帮助大家给货运代理评分，举报不良商家。

同时，我一直在经营自己的自媒体账号，即使更新频率降低，也一直没停下。我不会允许自己再次犯下之前写了几篇爆款英文博客然后停更的错误。

可以想象，这一年我的生活节奏有多么紧凑。不对，我压根儿就没有"生活"。除了上班给公司工作，就是下班后给自己工作，只为找到一年后的出路。我不再为公司加班，因为我知道工作是永远做不完的，我允许自己不做完。我不再追求在职场爬梯子，因为我知道打工是很难实现突破的，我要挤出时间为自己寻找出路。

一年的时间很快就过去了，我的跨境电商业务赚了点儿小钱，跨境物流业务赚了几百块钱，自媒体一分钱没赚。出路并不是很清晰，副业收入与主业收入相差十万八千里，但是渐渐地，我开始感到"上班如上坟"。虽然同事们评价这家公司"是我工作过的最好的公司""是最理想的一份工作"；虽然公司文化很好，福利不错，同事很好；虽然在公司上市后，我的年薪有近七位数，单位是美元。但是，在表面光鲜的背后，我遇到了很大的问题——我每到工作日都不想起床。如果早上9:30上班，我可以赖床到9:28才下床，能拖就拖，因为我实在不想面对新的一天。

我无数次觉得自己在浪费时间。数不清多少次到了快下班时，我心情郁闷、垂头丧气，觉得自己又浪费了一天生命。我开始找心理咨询师，寻求心理援助。因为，我感觉再这么下去，我可能要得抑郁症了。我知道让我苦恼的是什么，不是家人反对我辞职，而是自己没有信心和勇气。

直到一个周一的早上，我一如往常，上班打开邮件，首先映入眼帘的，是一条来自部门领导的长信。他告诉我们，一个同事于上周四晚在家中突发脑出血，被送进ICU抢救，在抢救过程中，医院诊断出他患有白血病，是白血病引发了脑出血。这位同事，大约30岁出头，为人和善耐心，乐于助人，前不久刚刚被升为一个新部门的主管。他完全不知道自己患有白血病。

我惊呆了。明明前几周我和他还在一个项目上有密切合作，怎么他就突然进ICU了，还马上就要开始接受化疗了？

幸运的是，他后来脱离了生命危险，但是他的大脑受损严重，不能说话、不能打字、不能像正常人一样走路了，需要很长的时间才能慢慢恢复。他再也没有回来上班。我为他遭遇这样的不幸而难过，同时，我也感到时间紧迫。如果换成我，在30多岁时就要和死神擦肩而过，我会怎么看待我的一生？

奥地利哲学家维特根斯坦在逝世前说的最后一句话是："**告诉他们，我度过了非常精彩的一生。**"这句话，我能说得出来吗？思考这个问题，我只用了一秒钟。答案是"当然不能"，我要说的肯定是："为什么是我？老天爷，你怎么这么不公平？我还有好多遗憾啊！为什么我还没有离开我不喜欢的工作？为什么我没有去做我喜欢的事情？！"

回想起来，我们翻来覆去地听乔布斯当年在斯坦福大学的毕业演讲，但是有多少人真的听进去了他苦口婆心的劝诫？当时，乔布斯被确诊胰腺癌约一年有余，他在那次演讲中说——

"在我17岁的时候，我读到了一句话：'如果你把生命中的每一天都当作最后一天去生活的话，那么总有那么一天你会发现自己是对的。'这句话给我留下了深刻的印象。如果我每天早晨都对着镜子问自己：'如果今天是我生命中的最后一天，我还愿意做我今天本来应该做的事吗？'当一连好多天的答案都是否定的时候，我就知道我该做出改变了。

　　"提醒自己行将就木，是我在面临人生重大抉择时采取的重要手段。因为所有的事情——外界的期望、所有的尊荣、对尴尬和失败的惧怕——在面对死亡的时候，都将烟消云散，最后只留下真正重要的东西。在我所知道的各种办法中，提醒自己即将死去是避免自己掉入'恐惧陷阱'的最佳策略。人赤条条地来，赤条条地走，没有理由不听从你内心的呼唤。"

我们每个人都应该思考如下问题：

01 如果今天是生命中的最后一天，你还愿意做今天本来应该做的事吗？

02 你应该做的事，是你发自内心真正想做的吗？

03 做什么事才能让你此生无憾，说出"我度过了非常精彩的一生"？

同事生病的事情对我来说，是压死骆驼的最后一根稻草。我不能再等下去了，我不能再继续当缩头乌龟了。

2022年2月18日，我递交了辞职信，彻底告别了职场。

我在几个待"转正"的副业选项里，选择了一分钱没赚的自媒体。这是我擅长且喜欢做的事，而且这件事从长期来看，有巨大的复利价值。

"裸辞"的时候，我的粉丝量是2万多，变现金额为0。

一分钱没赚，还敢"裸辞"？我相信，借助自媒体来实现小而美创业的这条路，我走得通。

一年后，关注我的人数，是之前的10倍。

我从没有任何产品到研发出多款产品，搭建出自己的一套产品体系。我的收入也从"裸辞"时候的零收入，一步步超越了我在硅谷科技公司上班的收入。我还从一个单兵作战的六边形战士，一步一步组建起了一个小团队。

我一直不断输出有价值的内容，同时通过我的产品体系服务比我晚起步的人。数万人听过我讲的课，他们中有创业者、领域专家，也有寻求转型的职场人士。我很高兴可以帮助他们放大影响力、提高营收、过上理想的生活。

更重要的是，我热爱分享，能够感受到自媒体创业的意义和长期价值，所以每天工作再久，我都不会觉得累。就像马克·安东尼的一句名言："如果你做的是你热爱的事，你永远都不会觉得自己是在工作。"

很多人好奇，我是如何在一年的时间里，从零起步，拿到年入数百万元的成绩的；是如何从一个人起步，到组建起一个团队的；是如何从没有任何产品到研发出一系列爆款产品的。在这本书里，我想跟你分享我的经历和经验，带给你可落地的认知、可转变的勇气和可实操的方法。我想帮助更多的创业者和想要创业的人，通过经营自媒体，放大个人影响力，实现业务营收增长。我想帮助各行各业的领域专家，通过打造个人品牌，让他们身上的才华被更多人看见。我想帮助更多像我一样向往自由的人，通过做自己热爱的事情，活出理想的人生。

在人工智能时代，一个人或者一个小团队做成大事的概率会越来越高，技术的进步会让工作变得更灵活自由，普通人将能够撬动更大的杠杆。在未来，我相信会有越来越多的人成为小而美的创业者，经营一份小而美的事业，创造以往至少需要几十人甚至上百人的团队才能创造的价值。

一辈子很短，希望我们都可以留下一些什么，活出不留遗憾的一生。

目录

第1章

逃离陷阱：等着每月领工资，是人生最大的陷阱

等着每月发工资，是一种无形的枷锁

很多时候，我们不能做自己真正想做的事，因为我们太依赖现有的工作。人与人之间，除了原生家庭、教育背景不同之外，对待金钱的方式，也天差地别。

2023年夏天，我回到家乡，和老朋友见面叙旧。一位老朋友羡慕我可以说辞职就辞职，干自己喜欢的事情，她遇到两个问题：

01 不知道自己除了本职工作，还喜欢什么

02 没有存款，无法脱离工作，离开上一份工作，就得马不停蹄地寻找下一份工作

第一个问题，是人生的大问题，我会在后面的章节里详细解答。在这里我想说说第二个问题——无法脱离一份工作。

为什么无法脱离一份工作呢？因为没有存款，没有能够带来其他收入的投资。她几年前买了一套小公寓，之后每个月的工资几乎都用来还房贷。除此之外，每个月的生活费杂七杂八地一花，基本上就月光了。

我问她："为什么不投资理财呢？"

她答："没有剩下的钱，怎么投资理财呢？"

就这样，她陷入了一个死循环：每个月拿到工资以后还房贷，所剩无几，没有可以储蓄的钱，没有存款，无法投资理财。唯一的期待就是房产升值，但是房产能否升值，又是一个巨大的问号。

月薪，是世界上最危险的东西之一，因为人们对它有着很强的成瘾性。一旦你习惯了拿工资，并且在工作的过程中，让自己的生活水平随着工资上涨而水涨船高，你就很难摆脱每月等着领工资的困局。

每次我提到我"裸辞"的经历时，经常会有人问："存够多少钱，才能辞职？"每次提到钱，大家都会问具体需要多少金额。但是多少钱才够，是相对于我们的支出水平的。我经常给出的建议是纳瓦尔的一句话——"生活水平远低于他们实际收入的人，享受着那些忙于提升生活品质的人无法想象的自由。"不要总是升级你的生活方式，保持你的自由，这一点非常重要。具体来说，就是当你赚到一些钱时，不要急着升级你的生活方式，包括房子、车子和其他所有东西。

其实我现在的生活水准远低于收入水准，是因为我走过好几年的弯路。2015年毕业以后，我来到硅谷。在我找到数据分析工作以后，还没开始上班，我就给自己升级了公寓。我和一个室友平摊公司附近两室两厅公寓的房租，月租1200美元，作为给自己的"奖赏"。

要知道，我当时的收入是税前一年8万美元，相当于我把税后收入的三分之一都花在了公寓租金上。我还经常在下班之后去逛家居用品店，买家具、买装饰品，把自己的房间布置得很温馨。每个月还会花钱购买不少体验，比如一次一小时100多美元的滑翔伞课程、跟朋友去滑雪、去度假……

后来我换了一个工作，于是我又进一步升级了我的公寓，月租金从每月1200美元提升到1550美元。在其他方面也是花钱如流水，电子设备要买最好的，健身设备也要买名牌。那段时间，我是典型的"月光族"，但是后来经历的事情彻底改变了我。

2017年，我不甘心做重复的工作，决心辞职深造。我想申请旧金山市一个培训数据科学家的集训营。这个集训营的学费不菲，3个月的时间，学费是1.6万美元，相当于十几万元人民币。可想而知，我并没有存下这么多钱。所以，自从有深造的想法开始，我就开始攒钱。我一改"月光族"的作风，不出去玩，也不买东西，每个月的钱除了房租和日常必需花销，全都存下来。

存下4万多美元时，我觉得时机到了，于是提出了辞职。交完集训营的学费，存款少了近一半，我不确定存款能不能支撑我未来几个月的生活。于是我从每月1550美元的豪华公寓，搬到了旧金山市区内一个房子的客厅。睡客厅，每个月的租金仅需650美元。650美元是什么概念？我在旧金山工作生活了5年，从没见过任何一个人，房租比这个数字低。

一开始我乐观地以为，在集训营学习3个月，我就可以成功转型成为数据科学家。万万没料到，从辞职到上岸，整个过程花费了近一年的时间。从2017年4月辞职，6月进入集训营学习，到2018年年初，我早已花光了自己之前存下的4万多美元。中间父母借给了我1万美元，但是在2018年3月初，我还是陷入了山穷水尽的境地。银行卡的余额，甚至不足以支付下个月650美元的房租。

长这么大从来没想过，花钱大手大脚的我，有一天会穷到如此地步——穷到舍不得打的士，于是晚上睡在教室；穷到舍不得和同学一起去学校楼下的餐厅吃饭，于是每天自带两个饭盒，包揽午饭和晚饭。那段时间，我面对的不仅是找工作的压力，还有对过往消费行为和生活方式的反思。花钱大手大脚，可以让你在别人面前"打肿脸充胖子"，但是你丧失的是选择的自由和承担风险的能力。

2018年3月，在我穷到叮当响的时候，我通过了Airbnb公司的数据科学家面试，得以加入我最喜欢的公司。虽然新工作的工资是我上一份工作的3倍，但是在接下来的两年时间里，我依然睡在每月650美元的客厅。我从一个把三分之一工资花在房租上的人，转变成了房租支出不到收入十分之一的人。收入比之前多了3倍，支出水平还下降了很多，每个月可以存下50%～70%的收入，用来定投指数基金。

这样做了几年，我就有了可观的存款，即使一两年完全没有收入，我也折腾得起。这也是为什么我能够没有经济上的顾虑，可以在自媒体一分钱没赚的时候，"裸辞"后全心投入自媒体创业。

所以，我特别认同纳瓦尔的观点——月薪是最危险的东西之一，生活方式升级的速度不宜过快。

不仅我是这样走过来的，我身边能够潇洒"裸辞"的朋友，在对待金钱上有着相似之处。我的一位在Airbnb的同事，比我早半年辞职，也是"裸辞"开始线上创业，主要做数据科学培训业务。她和我一样，物欲低，没有早早地就买大房子、好车子，也不讲究穿名牌服装背大牌包包。辞职之前，在工作之外，她就一直关注着线上创业领域，花钱参加相关的培训。辞职以后，没有房贷，没有大额支出，有的是足够的存款和一身的本事，于是她毫无后顾之忧，线上创业发展得很快。

不要过早升级自己的生活方式，不要依赖每月发工资，道理听起来很简单，但是做到并不容易。因为人是环境的产物。不信你想想，当你看到小区楼下全都是奔驰、宝马的时候，你是不是觉得自己也需要一辆豪车？当你的同事聊的都是爱马仕、香奈儿的时候，你是不是觉得自己也得买个奢侈品包？当你的朋友又在哪儿买了套房子的时候，你是不是觉得自己也要跟上？

在职业生涯漫长的发展过程中，我们的工资逐渐上涨，随着这个过程的发展，你会发现当你赚到越来越多的钱时，你会逐步升级你的生活方式，不管是为了"犒劳"自己，还是为了跟上身边环境的节奏。而这种生活方式的升级，会让你不断提高自己对于"财富自由"的定义，让你掉进工资奴役陷阱，你永远都会觉得自己赚的钱不够用，不敢丢工作，不敢冒险尝试新东西。最后就会成为跳不出滚轮的小仓鼠，每天原地奔跑，永远忙忙碌碌。

怎么摆脱工资奴役陷阱、拥有自由，并变得富有呢？方法就是不要着急升级你的生活方式，时刻审问自己，是自由重要，还是在同事朋友面前的面子重要。在保持低欲望的生活水准下，让开销远低于收入，你会更早跳出工资奴役的牢笼，拥有说"不"的底气和选择的自由。

"找到热爱并投身进去是我们最大的胜算

步步为营，脱离工资陷阱"

热爱

是人工智能时代的
关键生存技能。

步步为营，脱离工资陷阱

我在还没有赚到一分钱的时候，就选择"裸辞"，全心投入自媒体创业，这并不是说我强烈建议你也这么做。

经历裁员、觉醒、改变只是一种脱离陷阱的道路，但绝不是唯一的选择。如果你也希望把热爱变成一份事业，或者想要摆脱"仓鼠赛跑"的困局，告别自己不喜欢的工作，其实有多种方法可以帮助你实现目标。以下是三种常见且有效的路径。

第一种路径：被动改变，利用外界推动力

有时候，改变并不是我们主动选择的，而是被外界的突发事件推着走的。这些突发事件往往表现为人生道路上的重大挫折，比如裁员降薪、生病等。很多人都是在被裁员后、自己或者身边人得重病后，才开始认真思考人生的方向，探索新的可能性的。

比如，我就是在裁员后醒悟，决定给自己一年的时间探索事业方向，但是到了一年时间节点的时候，却难以做出辞职的决定，直到年轻同事突发大病后，意识到时间有限，才毅然离开。央视前著名主持人张泉灵，在央视期间，几乎拿遍传媒界所有奖项。2015年，有段时间她时常咳血，医生怀疑她得了肺癌。虽然后面发现是误诊，但这次经历让她停下来思考："人生停在这里我并不遗憾，但是如果生命还可以延续一段的话，我应该用什么来填

充它？我的好奇心该投向哪里？"于是，她从央视辞职，投身创投界，彻底改变了人生轨迹。

当生活沿着既定的轨道前行时，我们往往难以主动跳出舒适区，因为现状已经让我们习惯，甚至麻痹。要主动改变工作方式或生活状态，需要极大的勇气和决心，而大多数人可能会拖延很久才能迈出这一步。

然而，挫折和打击虽然在短期内看起来是坏事，让人措手不及，但从另一个角度来看，它可能是一个机会。它迫使我们思考、改变，推动我们去做自己真正想做的事情。换句话说，挫折是外界强加给我们的改变，却能成为我们通往新生活的契机。

思考　改变　推动　契机

当然，这种路径的局限性在于它不可控。我们无法主动让挫折发生在自己身上，更多的是一种被动的选择。

第二种路径：主动准备，积累足够的经济保障

如果你希望以更加稳妥的方式实现转变，那么可以通过存够足够的资金，为自己的未来买一份安全感。当拥有半年到一年的生活储备金时，你就可以在没有经济压力的情况下，尝试新的方向。如果时间到了还没有获得理想的结果，大不了再找一份工作。

我的一位学员，他曾是企业高管，后来毅然辞职，转行成为人生教练。虽然教练这个职业在短期内很难匹敌高管的收入，但他依然选择了这条路，因为这是他真正热爱的事业。而他之所以能做出这样的决定，是因为他早已为这一天做足了准备。他提前存好了孩子的教育经费，偿还了房贷，积累了足够的储蓄来支撑未来数年的生活。正是这种经济上的自由，让他义无反顾地追求自己的梦想。

要做到这一点，需要我们在日常生活中调整消费习惯，合理规划自己的资产，避免盲目追求消费升级。毕竟经济自由这个概念不是绝对的数字，它取决于你的生活水平和风险承受能力。

调整消费习惯　　合理规划资产　　避免盲目追求消费升级

对于一些人来说，存够半年的生活费就足以开始尝试；而对另一些人来说，可能需要一到两年的储备金才会觉得安心。所以，这条路径的关键在于：根据自己的风险承受能力，制定合理的资产计划，并为未来的转变做好充分准备。

第三种路径：在主业之外发展副业，逐步转型

如果你不想冒险"裸辞"，又希望找到热爱并将其变成事业，那么在主业时间之余发展副业，通过尝试不同的副业找到方

向，当副业收入达到一定水平后，再考虑将其"转正"。

在我身边，有不少人通过这条路径实现了转型。比如，我有个朋友原本在互联网大厂工作，工作十分繁忙，可以自由支配的时间很少，但她依然利用夜晚的时间写文章、录制短视频，甚至凌晨还在剪辑内容并发布。经过几个月的坚持，她的自媒体副业有了几十万元的收入，虽然没有完全超过主业收入，但是她算了一下，如果投入更多时间和精力做好副业，她是可以让副业收入大幅增加的。于是她选择了"裸辞"，投身热爱，依托自媒体建立起一份小而美的事业。

需要注意的是，在主业之外发展副业然后"裸辞"，副业收入并不需要完全超过主业收入。副业收入超过主业收入，对很多主业特别繁忙的人来说并不现实。因为当你的主业收入特别高时，比如你是一位年薪百万经常出差的咨询师，那么你很难有足够多的时间投入副业，并让它的收入超过主业。但如果你的副业收入达到主业收入的一半，或者你判断副业收入是可持续的、可复制的、可放大的，那么你就可以考虑把副业"转正"，实现转型。

第三条路径的优势在于它风险较低，你可以一边保持主业的稳定，一边探索副业的发展。当副业成熟后，再顺其自然地完成转型。

无论是被动接受外界的改变，主动存钱为未来铺路，还是在主业之外发展副业，每一种路径都有其适用的人群和特点。重要的是，根据自己的情况选择最适合的方式。

最终，我们的目标是将热爱变成事业，活出自己理想的人生。而无论选择哪条路径，都需要明确的是：改变的核心在于行动，只有迈出第一步，才能开启新篇章。

深耕热爱，你就会闪闪发光

刚毕业工作时，我的岗位是数据分析师。"数据分析师"和"数据科学家"，这两个岗位看起来都和数据有关，但是工作内容有所不同。数据科学家对数理基础和编程能力的要求更高，工资待遇更是比数据分析师至少高一倍。

2017年，为了加快自己的职业成长速度，也为了让自己更值钱，我参加了一个为期3个月的全脱产数据科学集训营，目标是转型成为数据科学家。

集训营中的同学大多具有计算机或数学背景，因为数据科学家对编程能力、统计学和数学的要求非常高。我的数学水平一般，统计学基础也不强，甚至连代码都不会写，并不是一个典型的合适人选，就连申请加入这个数据科学集训营，我都失败了4次，第5次才通过面试。

但我始终相信成长型思维的力量。虽然我不擅长数学，但我可以学；虽然我的统计学基础薄弱，但我可以学；虽然我不会写代码，但我依然可以学。正是这种相信自己可以通过努力掌握一切的信念，支撑着我在集训营中坚持了下来。

然而，这并不容易。3个月的集训结束后，我的很多同学很快就找到了工作。那些有着扎实数学、统计学或编程基础的同学，往往在集训营结束后的两三个月内就顺利入职了，而我却是班上几十位同学里最晚找到工作的之一。

2017年9月从集训营毕业，一直到圣诞节，我依然留在教室里刷题、准备面试。到了2018年年初，学校里几乎看不到我的同期同学了，只有我和后来的学弟学妹。尽管如此，我从未想过放弃。即使经历了50多次面试失败，我依然没有妥协。最终，我如愿以偿，拿到了理想的Offer。

这段经历让我相信，成长型思维能够帮助我们发掘潜力，达成目标。只要我们相信自己，并付出足够的努力，就没有什么是不可能的。

然而，当我真正入职成为一名数据科学家后，我慢慢发现，成长型思维可以帮助我们成长，但是无法弥补天赋和热爱上的不足。不得不承认，有些人就是比你更擅长做某件事，你靠意志力和拼劲，没办法跟他们的天赋和热爱相提并论。

我对数据科学家这个职位并没有真正的热情。在求职阶段，我可以废寝忘食地刷题、写代码、阅读论文，但当工作稳定下来后，我发现自己不会把全部时间都花在研究数据科学领域的最新进展上。我的同事们会利用业余时间学习编程、研读论文、讨论项目难题，而我对这些完全提不起兴趣。

工作一年多后，我意识到，如果继续做数据科学家，我永远无法在这个领域成为最优秀的人。因为我缺乏热爱，而热爱才是深入钻研的核心动力。没有热爱，就没有持续的投入；没有持续的投入，就无法在某个领域做到卓越。

我始终相信，我们来到这个世界上，不是为了活得平庸。每个人都是一块金子，但是我们需要找到适合自己的那片土地，才能闪闪发光。很显然，数据科学领域不是我的那片土地。

2020年被裁员，敲醒了我，推动我做出改变。

换了一份工作坚持到2022年，我下定决心选择"裸辞"，告别了数据科学家的岗位，开始追寻自己真正热爱的事——自媒体创业。

没过几个月，人工智能领域迎来了爆发式发展。2022年11月，ChatGPT横空出世，随即引发了职场人士的广泛焦虑。许多人开始担心："AI会不会取代我？"

而我却倍感庆幸，因为我找到了自己真正热爱的方向。随着我大量使用AI工具，我愈发意识到，人工智能正在快速改变世界，而我们如何应对这场变革？答案就是：找到热爱，并坚持深耕。

如何应对变革

找到热爱，并坚持深耕。

当你热爱某件事时，你会不断钻研、精进提升，AI工具会让强者更强，你会变得更加强大。而那些对所做之事缺乏热情、只是"混口饭吃"的人，早晚会被AI工具取代。

我的一个博主朋友Dreamer妍妍，是一个活出热爱的典范。当初了解到她的故事时，我震惊了。所以我也想将她的故事分享给你。

妍妍在东北某四线城市出生长大，父母是普通职工，佛系带娃，对她没有很高的要求。由于家里经济条件并不是很好，没有送她上过各种兴趣班，但这并不妨碍她很早就找到了自己的热爱——绘画。

但在国内的教育环境下，走绘画艺术生的道路并不容易。一般来说，要么家里有钱，不在乎孩子未来的饭碗；要么成绩不足以考取自己理想中的学校，需要另辟蹊径，才会选择走艺术这条路线。所以妍妍还是按照"好学生"的路径好好学习、参加高考。本想考清华大学，但高考失利，最终去了吉林大学，专业还是被调剂的——英语和金融。然而，她从未放弃自己的绘画梦想。

进入大学后，她意识到自己将来需要出国读书，才能实现绘画和设计梦想。为了给未来铺路，在吉林大学读书期间，她做了一个极少数人能做出的决定——翘课，从长春坐火车去清华大学，旁听清华大学的设计专业课程。

那吉林大学的课程怎么办？她说自己很幸运，在与吉林大学的老师沟通自己的想法后，得到了几位老师的支持，允许她离校几个月去清华旁听课程。到了大四时，她第一次申请美国的学校，拿到了康奈尔大学的Offer，但是没有奖学金，她家里拿不出100多万元的学费。于是，她放弃了康奈尔大学，决定先工作两年，努力赚一些钱。

为了高效赚钱，她再次另辟蹊径——去海外工作，这样可以比在国内赚得更多。在了解到可以通过LinkedIn找到海外工作后，她申请到新加坡一家建筑设计事务所的工作，顺利赚到比国内应届毕业生更高的薪资。一年后，她又跳槽到一家法国的设计事务所工作，继续积攒经验和积蓄。这两年的海外工作经历，不仅让她积累了丰富的经验，还攒下了足够的资金支持自己出国念书。两年后，她再次申请研究生，这次她拿到了包括哈佛大学在内的多所名校的录取通知，还获得了奖学金。

终于，她实现了去海外名校学习设计的梦想。如今，她是微软公司的首席产品设计师。之前在Spotify公司的时候，她也经历过裁员。同是天涯被裁人，我问她："既然被裁员，你又有自媒体等副业，为什么不趁机彻底出来单干？"她说："因为我真的很喜欢设计，我可能是少数喜欢主业多于副业的人。未来我可能会创业，但是现在我很喜欢我的工作。"

妍妍非常让人羡慕的一点是，她在很小的时候就找到了自己热爱的事情，并且一直坚持在这条道路上走下去，还在这个领域成为最厉害的那一拨儿人。

如今，她的主业是设计师，业余也接一些设计相关的项目，做自媒体也是在发挥自己的设计才能。每天被热爱的事情围绕，让她闪闪发光。我问她："担心AI取代设计师吗？"她说："我现在每天都会用AI工具帮我提效，AI会取代的是平庸的设计师。"

妍妍是幸运的，大多数人都需要经历漫长的探索才能找到自己真正该做的事情。有的人要花10年，有的人会花20年、30年的时间。但是相信我，你的热爱，值得你为之付出10年、20年的时间去寻找，而且你一定能够找得到。

找到热爱，把它作为你的事业，每天在热爱中醒来，你的人生会不一样。你会更轻松地拿到比别人更好的结果，你还会更有成就感、更快乐。

走上快车道，拥抱自由人生

一个只关心自己的人只能做出很小的成就。
——本杰明·富兰克林

只有那些甘愿冒险不断前行的人，才清楚自己能走多远。
——托马斯·艾略特

看到这里，你可能会说，"我同意你说的，要做热爱的事，但是我打工也可以做热爱的事呀，我可以不断学习我感兴趣的技能，提升自己的能力，我为什么要创业、要经营一份自己的事业呢？不是每个人都适合这条路的！"

你说得对，不是每个人都适合，但是在对自己下结论之前，我先给你讲个故事。

从前有个埃及法老，他有两个侄子，一个叫朱玛，一个叫安祖尔。一天法老想到，我要我的侄子们帮我建两座超大的金字塔，谁先建完，我就封谁当国王，把我的财富都给他。他的两个侄子马上就同意了。

安祖尔很兴奋，第二天就开始搬砖垒金字塔了。每天从早搬到晚，手起茧子了也不停歇。几个月后，金字塔的底座有了雏形，所有的人都围过来称赞安祖尔真厉害。可是砖头实在太重，安祖尔搬了一年，才勉强完成金字塔的底座。

而朱玛这边的工地还是一片空地，连一块砖头都没动过。原来朱玛一直在谷仓里鼓捣一台机器，像是用来折磨人的器具。

又过了一年，安祖尔终于要开始垒金字塔的第二层了。但问题来了，这些砖头太重，安祖尔自己抬不动。他花钱请埃及最强壮的汉子贝努给他传授方法，教他锻炼自己的肌肉。安祖尔算计着，按这样的速度，金字塔得建30年。

就在某天，安祖尔正拖着大石头艰难地往金字塔上爬时，突然听见城里传来一片欢呼。安祖尔觉得奇怪，忙去看是怎么回事。原来是朱玛在城中心广场试运行他的那台机器。只见机器"咔咔"运转，很轻松地就能抬起石头并将石头摆好。关键是，朱玛只需偶尔操作一下，基本都是机器自己在工作。

这可把安祖尔震惊了。他用一年才垒好的底座，朱玛只用一周的时间就完成了；他两个月完成的工作，朱玛两天就做完了。40天后，朱玛轻松赶上了安祖尔3年的进度！

安祖尔崩溃了，他辛辛苦苦搬砖，而朱玛只是发明了一台机器，就轻松碾压了他。结果，朱玛在26岁时就完成了金字塔，他一共用了8年时间，其中3年做机器，5年用机器为自己干活。

法老高兴极了，兑现承诺让朱玛当了国王，还送给他很多财宝，后来他还成了大学者和著名发明家。而安祖尔还在艰难前行，最后因为劳累过度而辞世，他的金字塔一直没有建完。

我在《百万富翁快车道》这本书里看到这个故事，印象十分深刻。

如果想要收获自由人生，依赖打工是难以实现的。同样是赚钱，不同的赚钱方式会带来指数级的结果差异。

大多数人每天朝九晚五做一份谋生的工作，辛苦几十年，期盼着退休之后能够既有退休金又有时间享受生活。如果你不想过和大多数人一样的生活，那么就要做和大多数人不一样的事。

安祖尔的故事就是打工人的故事，有一份工作，拼命工作，然后寄希望于拿更高的工资。"安祖尔们"一块石头一块石头地搬，然后有人告诉他："你得更努力，去攻读一个更高的学位，这样你才能拿到更多的工资。"

朱玛的故事是创业者的故事，"朱玛们"花时间创造了一台机器，然后坐下来看机器帮他工作。

世界上绝大多数有钱人，都证明了朱玛故事的威力。有人创建软件公司，成了全球首富。有个小伙子做手机应用，下载量过千万，获得财富自由。有个作家写了本魔幻小说，成为亿万富翁……类似的例子比比皆是。

那么问题来了，如何才能走上这条创造财富的道路呢？答案很简单，但却需要你彻底转变自己的思维方式。

01 你要从消费者转变成生产者。

02 你的工作要有影响力。

03 选择有杠杆的工作。

04 远离阻碍你前进、改变的人。

05 机会无处不在，执行才是王道。

第一，你要从消费者转变成生产者。不要总想着去买东西，而要思考如何创造有价值的产品卖给别人。

这种转变并不容易，因为它需要你重新定位自己，摆脱单纯的消费观念，成为一个面向世界的生产者。你需要具备企业家的远见和创新能力，开发出自己的产品或服务，并将它推向市场。这不再是简单的"工作换薪水"，而是通过生意创造价值的过程。

第二，你的工作要有影响力。

影响力定律是，你影响的人越多，或者影响等级越大，你获取的财富就越多。

如果你想要挣到上亿元，就去服务千千万万的人，或者服务顶级的客户。你影响了多少人？有多少人从你这里获益？解决了多大的问题？你的工作有多大价值？你赚的钱数，就是你创造的价值大小。

举个例子，一个擅长内容创作的人，可以通过让数百万人关注他的自媒体账号、阅读他写的书而致富；而一个高端顾问，则可以通过为少数顶级客户提供深度服务而获得高额回报。影响力的本质是规模和深度的结合。规模是指你服务的人数，深度是指你服务的质量。无论是影响更多的人，还是提供更高质量的服务，都能让你积累巨大的财富。

第三，选择有杠杆的工作，比如做软件、创作内容、借助人力资本杠杆等。

并不是所有的工作都能帮助你搭建一个高效的系统。有些领域天生就更容易实现规模化和自动化，比如开发软件、创作内容，或者借助人力资本的杠杆效应等。一个软件可以被成千上万的人使用，而你只需要开发一次；一篇文章或一段视频可以被无数人反复观看，而你只需要创作一次。这些领域能够让你的时间和精力被无限放大，从而实现财富的快速积累。

第四，远离那些阻碍你前进、改变的人。

这些人可能是你的同事、朋友，甚至是家人。他们可能并没有恶意，只是出于保护你的心态，劝你不要冒险，不要改变现状。但他们的思维方式会对你产生负面影响，让你变得犹豫不决。相反，你需要接触那些积极向上、支持你成长的人。他们的行动和思维会激励你，让你更快地迈向目标。

第五，机会无处不在，执行才是王道。

问题就是机会，但是大部分创业者喜欢构思点子，却不愿执行。其实点子不值钱，执行才是王道。

比如，当你购买了别人的课程，却发现并不能解决你遇到的问题，这是一个机会；当你在生活中听到别人抱怨某个问题时，这是一个机会。关键在于，你是否能够发现机会、是否有能力解决问题，并且敢于去执行。

你想到一个好主意，但有人已经在做那件事了。无所谓，你可以做得更棒。所有的事情都有人在做。问题在于，你可以做得更好吗？你可以更好地满足需求，提供更高的价值吗？

现在，你应该明白为什么我建议你经营一份属于自己的事业了。

如果你想把热爱变成事业，最理想的情况就是把它变成属于你的事业，而不是为他人作嫁衣裳。这样你可以更早脱离"仓鼠赛跑"，拥抱自由人生。这不仅是财富上的自由，更是时间、精神上的自由。它不会在一夜之间发生，但是我相信，如果你选择走这条路，那么你就已经走在正确的方向上了。

一个把热爱变成事业的公式

看到这里，你可能会好奇：是的，我们需要找到自己的热爱，并努力将它转化为一份属于自己的事业。

或许你现在还在寻找热爱的路上，或许你已经找到了热爱，但是在为某个公司或平台工作，无论如何，我们都要具备一种能力，那就是能够脱离平台独立生存的能力，让自己走上财富的快车道、拥有选择的自由。

那么，这一切究竟该如何实现呢？

我始终相信，想要从A点走到B点，你得先看见从A到B的路径。如果我们能够清晰地看见未来的路径，明确从第0步到第1步、第2步、第3步分别需要哪些条件、能力和资源，那么我们就能够看见自己的差距，补上差距，一步步从0到1，从1到2……直到最终实现目标。

基于我的个人经验，以及我对身边那些成功将热爱转化为事业的人的观察，我总结出把热爱变成事业必备的"6P模型"，其中的6个要素并非同等重要，它们在不同阶段的优先级和对结果的影响各不相同。但当将这6个要素结合起来时，它们就可成为推动我们实现梦想的强大助力。

构成6P模型的6大要素如下所述。

- **热爱（Passion）**：热爱是你对某件事的强烈兴趣，并使你对其保持持续的投入。它是你在清晨醒来就想做的事，是能让你沉浸其中、不断钻研的动力。热爱能激发你的创造力，也能让你在面临困难时坚持下来。

- **圈子（Peer Group）**：圈子指的是与你有共同兴趣、目标和价值观的人群。这群人是可以互相支持、一起成长的朋友或伙伴，在分享信息、给予反馈，甚至共同成长上发挥非常关键的作用。

- **个人品牌（Personal Brand）**：个人品牌是他人对你的印象和认可。它不仅是你专业能力的体现，更代表着你在行业内的形象和影响力。一个强大的个人品牌能够帮助你建立信任，吸引合适的客户和机会。

- **产品（Product）**：产品是你可以提供给他人的实际价值，它可以是一个具体的服务、课程、工具，甚至是你自己的知识或经验。一个好的产品既能体现你的个人价值，也能解决用户的实际需求。

- **销售（Promotion）**：销售是将你的产品或服务推向市场并转化为实际收入的过程。它不是简单的推销，而是通过有效的沟通、展示产品价值、建立信任来促成交易。

- **合作伙伴（Partnerships）**：合作伙伴是与你短期或长期合作、互相借力、达成共赢的伙伴。可能是基于具体项目的合作，也可能是全职或兼职雇用关系，这样的合作形式非常适合现代的灵活工作模式，能让你专注于核心技能，同时引入更多资源和创意。

接下来，我们具体说说这个6P模型是什么，怎样才能做好。

第2章

发现热爱：找到你的超能力，让你不再需要"工作"

找到热爱，你一辈子都不需要"工作"

> 如果你做的是你热爱的事，你永远都不会觉得自己是在工作。
>
> ——马克·安东尼

在人生的前30年里，我一直活得很迷茫，所以我特别羡慕那些从小就知道自己热爱什么的人。而且我发现，那些真正在各个领域做到顶尖的人，都是在自己非常热爱的领域做事——

比如Taylor Swift，她从3岁起就热爱唱歌。11岁的时候，她就确定了自己的人生目标——成为一位创作型歌手。她开始玩吉他，每天玩4～6小时，直到指尖被磨到流血。看到女儿为了目标付出的努力，父母决定举家搬到Nashville，支持女儿在音乐道路上走下去。如今的她，几十年过去对音乐的热爱依然不减，才华依旧在线，创作出多首传唱全世界的经典歌曲。

比如乔布斯，他曾说："我很庆幸很早我就找到了自己喜欢做的事。有些时候生活会给你当头一棒，而让我坚持一路走下来的是我对自己所做事情的热爱。工作会占据你生命中很大一部分，你只有相信自己做的是伟大的工作，你才能怡然自得。"

而我，在寻找热爱的道路上迷茫了很久。

上高中的时候，我一心想学医，因为家里世代都有医生，我想做我这一代的医生。无奈我理科学得一般，特别是化学，总在及格线上下徘徊，于是扬长避短，选了文科，文科生无法选择医学专业，于是我也就不知道自己上大学该学什么了。

2013年，那是经济和金融学专业热度非常高的年代。高考后，父亲希望我学经济学，找来在大学当老师的同学助力，帮我分析学什么专业将来好找工作，学校老师也推荐学经济学。武汉大学有一个经济学基地班，素有"经济学家的摇篮"之称。当一个经济学家，多酷啊！

可是我喜不喜欢、擅不擅长研究经济学呢？不知道。

我到底热爱什么呢？不清楚。

上大学的第一个学期，我就感到很痛苦——数学分析学不懂，经济学听着只想睡觉。在一次数学分析考试结束后，我留在教室里，等待其他同学离开后，我问教授："老师，我想转专业，转出经济学基地班，可以吗？"教授思考了一下："只有转进经济学基地班的，还没有转出去的哦。"

是啊，武汉大学招进来的很多各地的文科状元、理科高分选手都在这个班，转出去岂不是承认自己是个失败者？更何况，我也不知道自己想转到哪里去，因为我不知道自己喜欢什么。于是，"转专业"的念头在大学四年中一直在脑海里盘旋，但从未实现。我还让父亲为我的懦弱背锅，总是在心里怪他帮我选专业，虽然真实原因是自己不敢转专业，也不知道怎么找到自己真正热爱的事。

于是，大学四年，我把注意力转移到了参加社团活动和球队活动上，虽然迷茫、痛苦，但也还算充实。

让家人帮我选择大学专业，是我最后一次把人生选择的主动权交给别人，我下定决心，以后自己的事我要自己说了算。

大三结束、大四开始之前，那是我最迷茫的时候，我考完了GMAT和托福，已经准备好了要出国，却再次面对人生选择难题——中介说："推荐你读教育学专业，容易申请去世界名校，不行的话，人力资源专业也可以。"我思考再三，实在不想浪费爸妈的钱随便去一个学校读书镀金，最后放弃了出国，选择在武汉大学保研。

保研专业选得也很好笑，因为不想继续读经济学，于是选择了会计学，因为本科会计学这门课考得还不错，问题是我不知道自己是否适合做会计。果然，研究生刚入学不久，几个同学就觉得我将来不会做会计，觉得我跟班里其他同学"不太一样"——可能是气质像一匹脱缰的野马吧，根本不像是一块做会计的料。

后来，正好看到武汉大学有一个和美国伊利诺伊大学香槟分校合作的企业管理硕士项目，我想起自己曾经的出国梦，于是申请了这个项目，也就有了后来在美国硅谷工作的故事。

美国的教育确实与国内有很大不同。虽然我学的是企业管理专业，但学校提供了丰富的选修课程，让我可以选择自己感兴趣的方向。课程的设置也不仅仅是教授知识，更注重实践项目，这让我有机会在动手中了解自己。为了在美国找到工作并留下来，我选择了一些与数据分析相关的课程，希望通过掌握这项技能，为未来的职业发展增加竞争力。

作为一名留学生，仅凭企业管理这样的商科专业背景，想要在美国找工作并留下来是非常困难的。因为在这个领域，你很难与本地人竞争。幸运的是，在学习期间，我发现自己对商业战略和营销非常感兴趣，而数据分析正好是一个结合商业知识和分析技能的职业方向。它既能满足我对商业的兴趣，又能提升我的技术能力。于是，在研究生毕业后，我选择来到美国硅谷，申请与数据分析相关的工作岗位。

我先是做了两年数据分析师，后来为了进一步提升薪资待遇，便努力转型成为数据科学家。数据科学家对技术的要求更高，需要掌握更深层次的统计学、数学、编程技能，比如熟练使用R语言等编程工具。

为了达成这一目标，我开始系统学习相关技术，最终成功转型为一名数据科学家。直到成为数据科学家以后，我才意识到，和我那些下班后还拼命研究论文的同事相比，数据科学并不是我热爱的事，我也不可能在数据科学领域成为顶尖人才。于是就有了我的再一次转型。

回顾我的经历，从二十岁到三十岁，我的生活可以说是一片迷茫。我想，这种状态可能也代表了很多像我一样的年轻人。他们不知道自己该做什么，也找不到自己努力的方向。或许因为追逐风口，选择了一些看似热门的事情；或许因为别人做什么，自己也跟着去做；或许因为追逐金钱，而做出选择，却没有做那件真正重要的事情——认识自己、找到自己的热爱。

认识自己是一个漫长的过程。我曾尝试过市面上几乎所有的性格测试，比如盖洛普优势测评、PDP性格测试、MBTI等。这些测试在某种程度上确实帮助我了解了自己的一部分，但真正让我找到方向的，还是实践，在行动中不断验证自己的能力。通过实践，我逐渐发现哪些事情让我感到轻松愉快，哪些事情是我擅长的，而这些是任何性格测试都无法告诉我的。

如今，我对于自己热爱什么有了确定的答案。找到自己的热爱、擅长、能赚钱、还觉得有意义的事，并且每天沉浸其中，这种感觉太棒了。当你找到自己热爱什么并且投身进去之后，你就不再需要"工作"了。你的工作对你来说就是玩，你玩着玩着就能比别人更轻松地拿到结果。

回想在大学期间，其实我本可以更早找到方向，但因为害怕失败、害怕别人的看法，我没有尝试不同的选项。我想，这也是很多人现在依然面临的问题。明明知道自己目前做的事情不对，却不敢朝另一个方向迈进。

但如果你仔细想想，别人怎么看你，又有什么关系呢？最终，我们评价人生的标准，不是别人眼中的"成功"，而是自己内心的满足感。"我是否度过了精彩的人生？"这个问题的答案，只有你自己能给出。

"你和别人不一样的地方藏着你的超能力你的人生还有很多可能性"

"喜欢"和"赚钱"

这两件事并不矛盾

差异化就是生存，

而宇宙希望你平平无奇。

找到自己的超能力，不要单纯为了赚钱而做事

在我们不知道自己到底想做什么，又没有原始积累的时候，很容易犯的一个错误是，单纯为了钱而去做事。什么事情赚钱多、来钱快，就做什么事。结果最后往往会发现，追着钱做事，到头来却赚不到什么钱。能不能赚得到钱是小事，可惜的是，若干年后，后悔自己浪费了生命，没有做自己真正应该做的事情，没有实现人生价值。

在硅谷，最吃香的岗位是程序员，因为这个岗位需求大，工资是所有职位里的"天花板"。于是，这里最火的职业培训是"转码"（转行成为"码农"）——学机械的人要"转码"，学化学的人要"转码"，学会计、艺术、英语的人，都要"转码"。"转码"成功了，他们就开心了吗？大概率不是这样的，因为你知道，我也做过类似的事情，费尽心机从数据分析师转为数据科学家，却最终发现自己不是这块料，不可能成为这个领域最优秀的人。

而我相信，每个人都可以找到自己热爱的事，可以找到一件自己能够轻松做得比别人更好的事情。

这件事，你一定要找到，它会彻底改变你的工作和生活状态，你也会更容易获得成就感，拥有更强的自信，从而形成一个正向的循环——

> 我热爱这件事->我喜欢花时间去做->我做得越来越好->我更爱
> 这件事了

做你热爱的事情，这样你这辈子一天都不需要"工作"。

而如果你做的不是你热爱的事情，那么即使能在短期内赚到钱，长期你也会感到迷茫、焦虑。

这句话是有根据的，原因主要有两个。

第一个原因是，在满足生活所需以后，金钱并不会让你更快乐。

在职场早期阶段，找到一份可以快速积累第一桶金的事业，无可厚非，它可以让我们快速立足。而当你满足了马斯洛需求层次里较为初级的层次，解决了温饱问题以后，你最终会来到寻求自我实现的层次。

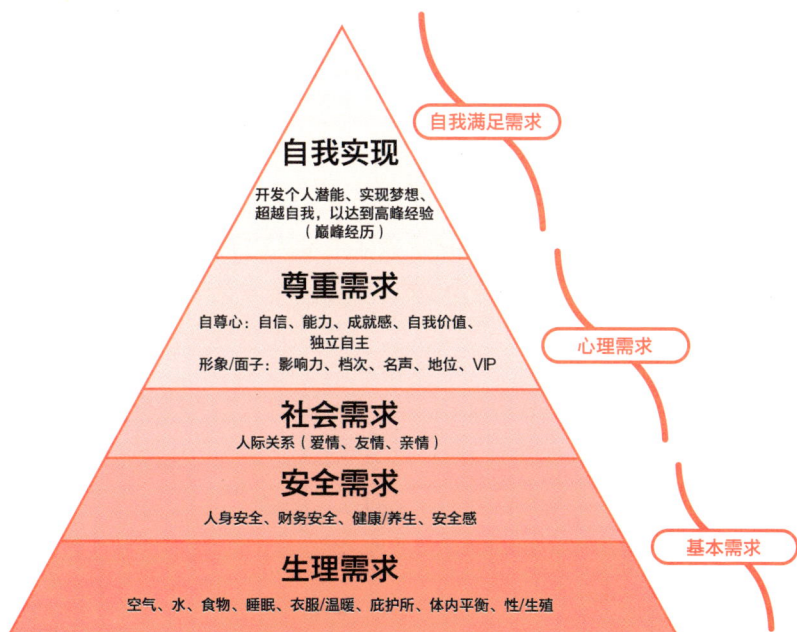

引用的是"马斯洛需求层次理论"

你会开始思考人生的意义，以及怎样最大化实现自己的人生价值。如果你在做的工作和你想要实现人生价值的方式不匹配，那么你一定会感到自己在浪费生命，进而"怀疑人生"。

第二个原因是，现在做的赚钱的事，你能赚到钱，不代表你将来也能赚到钱。

以我自己为例，数据科学家其实是一个非常新的岗位，放在十年前，2013年左右的时候，这个职位在互联网科技公司里兴起没多久。由于互联网公司生产了大量的数据，对数据的分析和挖掘就变得至关重要。

但是在今天，已经出现了越来越多的自动化数据分析工具，有自动写数据库语言SQL的工具、有自动做报表的数据、有自动建模做预测的工具……工具的进步让雇主对这个职位的从业者的需求减少，要求提高。前几年，写写SQL就可以找到数据分析师的工作，现在已经不太可能了。

所以，我如果还留在数据科学家岗位，短期内我可以继续拿到不错的报酬，但是由于我对数据科学缺乏兴趣，不愿意花时间钻研提升，不能成为这个领域最优秀的那批人。那么当企业需要更少、更优秀的数据科学人才的时候，我就是最先被淘汰的。

到那时，我就赚不到现在这样的高薪了。如果到那个时候，我已人到中年，还在做一份轻松被取代的工作，学习能力下降，且不能像年轻人一样拼命了，那么我会陷入非常被动的境地。我相信，那些为了赚钱而做出职业转变的人，早晚会遇到这个问题。

你可以趁着一个行业处在风口的时候赚一笔，如果做的不是自己热爱的事，长期来说，你的职业竞争力会减弱，你的自信心会受到打击，你不会感到快乐。更可怕的是，时代变化实在太快了，这笔钱，你赚不了太久。

你和别人不一样的地方，藏着你的超能力

> "那个让你在孩提时代显得古怪的东西，可能在你成年后让你变得伟大——如果你不失去它的话。"
>
> ——凯文·凯利

2021年，杰夫·贝佐斯离开了亚马逊的CEO位置，他在亚马逊的最后一封股东信中，分享了一个重要的教训：

"差异化就是生存，而宇宙希望你平平无奇。"

我们每个人、每家公司，都面临着同化的压力，维持独特性需要持续努力。为什么要这么做？在那些让你与众不同的特质中，存在着你的超能力。

我们生活在一个倾向于将个体同化为平凡的世界。要抵抗这种趋势，需要勇气和毅力。但这是值得的。因为在那份独特性中，我们找到了真正的自我，发现了我们真正的力量。

每一个创新者，以及每一个真正活出自己的人，都曾经是一个与众不同的存在。他们拒绝融入周围的世界，坚持自己的独特性，并因此获得成功。所以，找到让你与众不同的那部分。它可能看起来古怪，甚至不被理解，但正是在那里隐藏着你的超能力。

很多人跟我说，他们不知道自己喜欢什么、擅长什么。大家从

小到大都是被灌输要好好学习、进入好学校、找个好工作，等到工作了多年以后，才发现并不喜欢自己的工作，但是也不知道自己到底喜欢什么、除了工作之外还能干些什么。

在我思考自己创业应该做什么事的时候，也遇到过同样的问题。隐约中，我感觉自媒体是一条我可以走通而且很适合我的路——我喜欢并且擅长表达，能够启发和影响别人让我觉得很有意义，而且我也做出过一些成绩——无论是中文作品还是英文作品，我都出过爆款。

后来有一天，我看到了凯文·凯利的一句话——"那个让你在孩提时代显得古怪的东西，可能在你成年后让你变得伟大——如果你不失去它的话。"

这句话太绝了！过去的事情像幻灯片一样在脑海里放映，这不就是我自己的经历吗？我从小喜欢写故事，特别是记叙文，记录生活中的所思所感，然后升华到一些人生道理的层面，至今如此。

在高中和大学阶段，我经常在QQ空间写日志。然后朋友们会给我反馈："你怎么会想这么多问题""你的写作风格很鸡汤""你的想法和我真不一样"。因为经常被别人说我的写作风格很"鸡汤"，我陷入过自我怀疑——"鸡汤"好像是一个贬义词，我写的这些东西是不是对别人没什么用？但是为什么我老是喜欢写"鸡汤"呢？我把自己"鸡汤"式的写作风格当作一件不光彩的事，于是学习别人的表达方式，试图让自己更理性客观、有理有据。

然而，十年后，当我决定做自媒体、重新开始写作的时候，发现我所谓的故事+"鸡汤"风格，就是我最擅长的风格，也是我的内容最能打动人心的地方。"鸡汤"不是贬义词，它反映的是时刻相信人生总会更好的乐观态度，以及一些别人没有领会的朴素道理。我把朴素的道理融入一个又一个故事，创作出了很多影响和启发别人的作品。在我表达自己真正想要表达的想法的时候，它也就自然地打动了和我同频的读者。

我培训过上千名自媒体学员，在上课的过程中，我会让大家去找自己想要学习的对标账号，也就是那些比我们早走几步的榜样，看看他们的选题、内容呈现方式、产品设计，可帮助我们少走弯路。同时，我一再提醒他们，对标账号像是我们的拐杖，可以帮助我们起步更快，但是想要走得更稳更远，一定要在过程中逐渐找到自己的超能力，发挥自己的特色。不要一直走在别人铺好的路上，忘了去寻找属于自己的那条路，埋没了自己独特的那一面，否则就太可惜了。

每个人来到这个世界上，本来都是独一无二的。我们有着不同的性格特征、兴趣爱好、行为方式、思维方式，但是随着年龄的增长、环境的变化，我们要么被告知要"融入""顺应"，要么迫于同伴的压力，不得不和他人保持一致。

前辈的工作，朋友的专业，同事买的房子、车子，都成为我们生活的对标。但是如果我们仅仅模仿别人的生活，做着相同的工作，学习相同的专业，而没有自己的思考，那么我们就是在强行将自己塞进一个并不适合自己的模子里。到了中年、老年阶段，会发现我们依然不知道自己是谁，不清楚自己真正喜欢什么，甚至不知道自己除了一份不喜欢的工作之外，还能做什么。

我相信，每个人身上都蕴藏着巨大的潜能，但大多数都没有得到发掘。短短人生一百年，最大的浪费，不是浪费金钱或时间，而是浪费了自身的潜能。如果我们在一个自己不喜欢、不擅长的岗位上辛苦求存，还以为这就是人生，那实在太可惜了。就像人类不遗余力地发掘、开采金矿一样，我们也应该全力发掘自身蕴藏的宝藏，这件事没有人能替你完成，只有你能为自己负责。

多借助工具来探索自己，多在行动中尝试不同的事情，观察自己做事时的状态，发现你和别人不一样的地方，找到你的"超能力"。这样，我们才能充分挖掘自己的潜能，活出精彩。

如何找到你的"超能力"　探索　尝试　观察　发现

"喜欢"和"赚钱"，这两件事并不矛盾

从我开始做自媒体以来，经常有粉丝在微信上给我留言。最常见的两类是："我真羡慕你，可以做自己喜欢的事情，我却不知道自己喜欢什么。"以及"我知道我喜欢做什么，但我喜欢的事情赚不到钱，所以我不得不继续做我不喜欢的工作，好羡慕你，能做自己喜欢的事情，还能赚到钱。"

当我追问他们，为什么认为自己喜欢的事情不能赚钱时，他们常常回答："谁会为这些付费呢？"例如，一个对职业发展话题感兴趣的朋友，可能常常免费帮助朋友，但未曾考虑过如何将兴趣商业化。这样的对话并不新鲜，你是否也曾遇到过类似的困惑？

我认为这个问题的根源在于我们对"赚钱"的传统看法。过去，我们被教育要进入社会从事与专业匹配的工作，比如会计、保险经纪人、程序员等。而我们的爱好，如健身、烹饪、绘画、弹琴等，往往被视为无法谋生的娱乐活动。我们把这些爱好藏在心底，只有在业余时间才会做这些事，从未想过将它们转变为一份谋生的工作。

"喜欢的事情，不一定能赚钱"——如今，这种对"工作"的看法是过时的。

这个观念在过去或许没错。那时候，职场前辈常告诉我们：别做自己喜欢的事，因为喜欢的事可能养活不了你。在那个年代，这话有它的道理。媒体、报纸、电视这些宣传渠道被集中控制，普通人几乎没有机会发声。如果你的热爱没有被别人知道，你也就难以赚到钱。

但现在，时代变了。如今，你随时可以注册一个自媒体账号，打造个人品牌，建立自己的线上渠道。一边做自己喜欢的事，一边把它分享出去，吸引那些欣赏你的人。如果你能吸引到这群人，就能验证凯文·凯利的"铁杆粉丝理论"：**只需要1000个铁杆粉丝，就足够让你过上衣食无忧的生活。**

更重要的是，这句话早已不再是一句口号，这条路已经被无数人走通。比如，我的一位学员，原本只是把芳疗当成爱好，后来通过自媒体经营个人品牌，慢慢开始有人追随，然后在私域搭建社群、卖产品，还开始做线下沙龙。芳疗从她喜欢的一件事情变成了她的主业。

再比如，我有一个做手工皮具改造的朋友，她现在靠着这个爱好支撑起了一家公司。皮具改造这个领域非常小众，在很多年前，谁能相信靠皮具改造能赚得盆满钵满？以前，他们大多也就是帮附近邻居修修鞋、改改包。但现在，通过自媒体，我的这位朋友把喜欢的事情变成了短视频内容，传播到了全世界。靠着一个小众爱好，不仅每天都过得很开心，还赚到了远超普通人的财富。

当然，有的人会怀疑："这些人是运气好吧？我喜欢唱歌、喜欢打球，我怎么靠这些赚钱？"

确实，不是每个人喜欢的事情都能赚钱。**但如果你喜欢的事情符合以下两个条件，那么赚钱就是水到渠成的事情：**

01 / / / 你真的热爱并且擅长这件事

02 / / / 这件事能满足用户的某种需求，解决用户的某个问题

1. 你真的热爱并且擅长这件事

一个人可能有成百上千个兴趣爱好，但真正热爱的只有那么一两个。只有热爱，才能让你在短期看不到结果的时候坚持下去，在跨越无数个黑暗时义无反顾地继续。因为热爱，所以你愿意花时间精进，愿意把除了睡觉的所有时间投入进去，还乐在其中。在这种状态下，你终究会在这个领域变得无敌。

2. 这件事能满足用户的某种需求，解决用户的某个问题

你的热爱不能只是"自嗨"。它必须满足用户的某一类需求，解决他们的某些问题。这种需求可以是实际需求，比如有人想学钢琴、学画画；也可以是情绪需求，比如你的爱好能给别人带来抚慰，让他们感觉更好。无论是帮别人提升技能，还是给人带去好的感受，都是一种价值。

如果两个条件都满足，那么恭喜你，你喜欢的事情完全可以赚钱！接下来需要解决的就是"怎么赚钱"的问题。而这个问题，是可以一步步拆解和学习的。

在本书后面的内容中，我会教你如何把热爱的事情变成事业。

记住，热爱是起点，满足需求是关键。当这两点交汇时，你的热爱一定能带领你活出精彩的人生。

脱掉孔乙己的长衫，你的人生还有很多可能性

一次，我和我在硅谷的学员们聚餐，硅谷的学员们多半有着亮眼的教育背景，毕业后大多也是顺利入职硅谷的科技公司，有着优厚的待遇。

作为他们的自媒体老师，看到他们其中几位从来不在社交媒体上发布内容，我问道："怎么没看到你们更新内容呢？"其中一位学员的回答引起了其他人的共鸣："我发现履历背景好看的人，往往包袱比较重，我总想等自己准备完美了再开始。因为过去考大学、找工作都很顺利，在别人眼里很'成功'，所以不

太能接受失败，更在意别人的看法。如果在自媒体上发了一些内容，发现数据不'成功'，可能就不想继续发了。"

她能对自己有这样的剖析，我很佩服。因为只有发现问题、直面问题，才有改变的可能。听她这么一说，我发现我身边的精英们，确实普遍有一个问题。他们在升学求职过程中一路过关斩将，看起来很优秀，但是有很多心理卡点。他们难以接受失败，所以比较难下决心去做一件全新的事情。如果要做，他们也会比别人需要更多的时间来"做准备"。开始行动以后，如果没有立刻获得正反馈，他们也更有可能选择放弃。

所以，你会发现，在别人眼中履历光鲜的人，其实更难做出全新的尝试，特别是那些在世俗标准中没那么光鲜的尝试。比如，做短视频、直播带货等。这也是为什么"北大毕业生卖猪肉""清华毕业生做网红"会成为热点话题，一度被人们议论纷纷。

而当你放下过往的标签、别人眼里的光鲜背景，重新审视身边的机会时，你会发现你的生活中有很多可能性。

我之所以这么确信，因为我走过相同的路。

"裸辞"投身自媒体创业之前，在我有了不想打工的想法以后，我的第一反应是："我要看看有没有机会在科技行业创业。"因为在硅谷创业圈，科技创业才是正道，在这个环境里，你会觉得做科技产品、拿投资人的钱搞大事，才是真正的创业。做其他的事情，以及用其他方式做事，都不够酷。不搞科技创业，那算什么创业呢？所以一开始，我也尝试了几个科技创业类的项目。

我一边做跨境电商赚些零花钱，一边组建小团队，搭建平台，试图解决跨境物流领域的乱象。跨境物流平台项目做了一年，赚了两三百元人民币，看不到稳定商业化的可能性，这个行业水很深，我们其实并没有能力去很好地解决问题。当我告诉别人我在做跨境物流软件时，似乎听起来还挺酷的，但事实是，我们对研究物流没兴趣。

"裸辞"之后，我决定全心投入自媒体创业，虽然一开始我只是喜欢做内容、一分钱都没有赚，但是当我下决心启动商业化的时候，赚钱也不是问题。而且，我真的喜欢且擅长做自媒体，做自媒体对我来说，都不能算是工作。每天起床后到睡觉前的时间，我都可以用来"工作"，从来不觉得累。

我时不时地会在直播间、短视频中收到陌生人的评论："硅谷出来的，沦落到做主播了""还数据科学家呢，天天卖东西"……但是，我知道最重要的是忠于我的内心，我也知道我走在活出自己的道路上，我还知道这样既能为他人创造价值，还能获得不错的收入回报。

而这些评价你的人，永远不会做出违背世俗主流看法的选择，也就难以活出自己。因为，他们用标签绑架了别人，同时绑架了自己。

我的一个美国同事，和我经历过一模一样的心路历程。有一天我打开Instagram，看到了一条拍摄和剪辑都很高级的短视频，账号的主人是我的一位美国前同事。这个人去年不是加入Y Combinator（YC创业孵化器），现在在创业吗，怎么有时间做视频呢？原来，在科技创业一年后，他成了一位全职内容爱好者。

这位同事，在上大学时就一心想创业，开发过好几个App，同时也喜欢跳舞、拍视频。

还在公司上班的时候，我和他有过几次交流，他毫不掩饰自己要创业的想法。他一开始走的也是硅谷创业者的道路，和几位伯克利大学的同学一起进行科技创业。在有创业的想法之后，没过多久，他就被Y Combinator录取了，一切都很顺利，于是他很快就辞职了。

一年半后，我刷到他的短视频，看到他的最新动态，得知他几个月前就离开了这家创业公司，开始追寻自己"真正的梦想"——内容创作。我不太确定内容创作就是他要做一辈子的事情，因为他非常年轻，但是我欣赏他敢于尝试的勇气。

这辈子就这么短，我们不甘心不知道自己到底热爱做什么、应该做什么，所以我们不断尝试。我们不会轻易安定下来，因为尝试是认识自己的必经之路，重要的是不要被我们所谓的标签、背景所束缚。

我的一位学员，Zack，他是硅谷一位知名房地产经纪人。他的人生道路，也和我有相似的地方。Zack是一位绝对的学霸，本科毕业于清华大学，后来来到美国，获得了电子与通信工程博士，毕业后在硅谷一家半导体公司工作。职业发展也挺顺利，但是他逐渐感觉工作变得无趣。有一天，他得知一位前同事的创业项目做得还不错，原来创业也没那么难，于是他也想尝试创业，然后就辞职了。

辞职后，他一开始走的是典型的硅谷创业路径——融资、招人，把公司做大做强。后来他发现这条路并不适合他。于是，他开始走小而美的道路，先是由于一些契机，进入了留学教育领域，后来又做起了房地产经纪人。现在仅靠一个人，年入七位数美元。

我可以想象，在他做房地产经纪人的过程中，一定有很多人说："清华毕业的，竟然在卖房子。"人们心中对有着什么样标签背景的人应该做什么事情，有着固化的偏见。但是不管别人怎么想，你的人生最终应该由你做主。你能不能跳出社会的条条框框，摆脱内心的包袱，真正主宰自己的人生，而不是按照别人期待的那样去生活，才是最重要的。

读过《孔乙己》的人，也许对原著中的这些话有印象："孔乙己是站着喝酒而穿长衫的唯一的人""窃书不能算偷……窃书！……读书人的事，能算偷吗？"鲁迅用一两句话，便道尽了一个旧时代读书人在封建思想和科举制度毒害下，形成的迂腐性格。

2023年，流行语"脱掉孔乙己的长衫"冲上热搜，鲁迅笔下的人物，如今被用来形容一个人能够放下对他人眼中"光鲜亮丽"身份的追求。同时，有一句话引发了无数人的共鸣："学历是我下不来的高台，也是孔乙己脱不了的长衫。"

其实，这就是把大众思维的枷锁、他人眼光的牢笼，主动套在了自己的身上。你的人生应该有无限的可能，而不只是活在别人的眼光里。脱下长衫，拥抱更多可能，你会更容易发掘自己的潜力，活出精彩人生。

如何找到你的超能力，最大化实现人生价值

> 查理·芒格曾说："如果你们真的想要在某个领域做得很出色，那么你们必须对它有强烈的兴趣。我可以强迫自己把许多事情做得相当好，但我无法将我没有强烈兴趣的事情做得非常出色。从某种程度上来讲，你们也跟我差不多。所以如果有机会的话，你们要想办法去做那些你们有强烈兴趣的事情。"

前辈可能告诉我们，"工作就是用来谋生的，能找到一个稳定又赚钱的工作就不错了，喜不喜欢、开不开心是次要的，有多少人真的喜欢自己的工作呢？大多数人不都是做了一辈子自己不喜欢的工作吗？"好像这就是人生本来的样子。但是如果你去看那些在自己的领域真正有成就的人，他们不会这么说。

之所以我们听见身边的人这么说，是因为在这个世界上，大多数人并没有发掘自身潜力。我们习惯了向外看，看别人有什么，看别人在做什么，却忘了挖掘自己身上的宝藏。为什么大多数人不会充分发挥自己的潜力，拥有满意的事业呢？

01 不知道自己热爱什么事情

02 你知道自己的热爱所在，但选择不采取行动

1. 不知道自己热爱什么事情

你可能并不想找借口，但是你不知道怎么找到自己真正热爱的事。你知道怎么找到自己的兴趣——你可能喜欢画画，喜欢看书，但是，如果你没有尝试过很多选项，你不会有信心地说，你的兴趣就是你的热爱所在。

如果说兴趣是喜欢，那么热爱就是激情。兴趣是对事物的好奇或关注，它是认识新事物的起点。热爱是强烈的情感、强烈的兴趣，是能让你发挥最大潜能的感情。当你对某件事情有热爱时，你会感到非常兴奋和专注，甚至可能会牺牲其他东西来追求自己的热爱。热爱像是一把火，能够激发你的动力，让你无论遇到什么困难都愿意坚持下去。

兴趣和热爱，无法相提并论。当你向伴侣求婚时，你大概率不会说"嫁给我吧，我对你有兴趣"，除非你想孤独终老。在找到你愿意共度余生的伴侣之前，你已经和形形色色的人打过交道；在找到你的热爱之前，你也大概率需要尝试多个兴趣。在尝试过不同的事情之后，你会发现其中某件事长期让你念念不忘，一旦做起来就不知疲倦，当你有这样的感受时，你就找到了你的热爱所在。

说到底，你需要不断地尝试。只有尝试了，才知道自己喜欢什么、讨厌什么、热爱什么，你才有信心说"这就是我这辈子要做的事"。

2. 你知道自己的热爱所在，但选择不采取行动

你一定听到过那些真正在自己领域做到顶尖的人对他人苦口婆

心的劝告："如果你想有满意的事业，你得跟随你的热情所在，追寻你的梦想，做你热爱的事。"但是你选择了不采取行动。

不管你听了多少遍乔布斯在斯坦福大学毕业典礼上的致辞，你还是没有采取行动。为什么不采取行动呢？因为懒，因为害怕失败。

于是我们给自己找借口——"这些牛人运气极好，我们绝大多数人都没有这种好运气。""是的，的确有一些人很成功，但那些人不是一般人，他们是天才。而我只是普通人。""那些人都是偏执狂，但是我不是偏执狂。我读过乔布斯和马斯克的传记，他们都有点儿不近人情、和正常人不一样，而我这个人既善良、又正常，正常人不会有偏执的热情。"

除了认为他人运气好、是偏执狂，有的时候，你还会为自己找一个更高级的借口——我想充分挖掘我的潜能，拥有成功的事业，但是我重视我的家庭、我的孩子……我没办法牺牲家庭来追求事业。

看看你为自己塑造的世界观吧，不管怎样，你都能把自己塑造成一个英雄。当有那么一天，你的孩子走到你面前，对你说："爸爸/妈妈，我知道我将来要做什么了！"你知道你的孩子数学很好，以为孩子终于立志要成为一名数学家，你激动不已。你的孩子说："我想做一名网红，我想做短视频！"你傻了。"你确定吗，宝贝？这太冒险了，这很容易失败，这赚不到钱。你再好好想想。你数学那么好，为什么不……"你的孩子说："但是这是我的梦想，我想要做这件事！"

这时，你会说什么？你会说："我以前也有梦想，但是——"

你会怎么完成这句话？你会如实地说"我以前也有过梦想，但是我没敢追随它"，还是会说出你给自己编造的高尚的理由，"我以前也有过梦想，但是后来你出生了"？你真的想用"家庭关系"作为你懦弱和退缩的遮羞布吗？

当你的孩子告诉你"我有一个梦想"时，你本可以说：**"尽力去追随它吧，孩子。就像你爸爸/妈妈当年那样。"** 但是你不能，因为你自己没有做到，所以你说不出口。

你为什么会用"家庭关系"作为不追随热爱的理由？你知道为什么。你害怕尝试，害怕失败，害怕别人的眼光。这就是你不会最大化实现人生价值的原因。

那么，怎样充分发掘潜力，最大化实现人生价值呢？

美国沃顿商学院教授亚当·格兰特在《隐藏的潜能》一书中给出了几点建议：首先，相比基因或者智力，更能预测你自身潜力挖掘程度的因素，是你的**"性格技能"**。什么是"性格技能"？比如坚韧、合作、专注、自律等。与之对应的就是一些硬技能，比如会计、营销、编程等。

性格技能可以让你克服本能，坚持自己的价值观。 和性格特质不同，你的性格技能不是固定不变的。研究人员曾经把1500名西非企业家分为三组。第一组没有接受任何培训，第二组接受了像会计和营销这样的认知技能培训，第三组学习了提高主动性和自律的方法。两年后，第三组人的生意的利润平均增长30%，是第二组人的3倍。

通过研究，人们发现，性格技能对企业家的成功起到了更大的推动作用，因为这些技能可帮助他们更好地应对挑战、抓住机会并坚持执行计划。

还有另一项著名研究也反映了相似的结论，如果一个人小时候能遇到一个教他主动做事、乐于合作、保持专注和坚持的幼儿园老师，他的终生收入会比平均值高出32万美元。这个研究结论来自美国著名经济学家、2000年诺贝尔经济学奖得主詹姆斯·赫克曼，他以研究早期教育对个人长期发展的影响而闻名。

如果我们能增强性格技能，那么无论年龄多大，都能走得更远，释放更多隐藏的潜能。

其次，想要提高性格技能，发掘潜力，那么就不要做一个完美主义者，而要**主动去寻求不完美。大多数完美主义者，发掘不了自己的潜力。**因为他们讨厌错误，回避批评。一旦出错，自尊心就会遭受打击。他们往往不断重复自己擅长的事，这种思维模式会限制潜力的发挥。

主动寻求不完美的人，是直面错误的人，他们甚至会设定错误的指标。比如，他想学习语言，如果一天没犯100个错误，那今天就没有进步。比如，一个学生想考出好成绩，那么必须做错100道题，才可以停止复习。

不断走出舒适区，进入不适区。你的成长速度，取决于你能承受多大的不适区。

有很多工具、方法可以帮助你探索自己的热爱。我尝试过很多方法，最后通过实践找到了自己的热爱，所以很难说哪个方法的帮助比其他方法更大。我相信这是一个量变引起质变的过程，我们需要在不断探索中，加深对自己的认识。常见的工具和方法列举如下，供你参考。

1. 性格测试方法

（1）盖洛普优势识别器（Clifton Strengths）

帮助识别个人的天赋领域，展示核心优势以及如何最大化这些优势。用于找到职场优势、进行团队协作定位。

（2）MBTI性格测试

分析个体在性格上的倾向（如内向/外向、直觉/感知等）。用于探索适合的职业方向和人际交往风格。

（3）DISC行为风格测试

帮助理解自己的行为模式（支配型、影响型、稳定型、谨慎型），用于寻找适合的工作方式和沟通风格。

（4）霍兰德职业兴趣测试（RIASEC）

分析兴趣与职业匹配度。用于探索个人喜欢的职业环境（如现实型、研究型、艺术型等）。

2. 自我探索方法

通过实践和反思来深入了解自己。

（1）价值观澄清

- 列出你最看重的10个价值观（如自由、创造力、家庭、影响力），然后筛选出最重要的3~5个。

- 想一想：你的生活和工作是否与这些价值观一致？哪些事情让你感到满足？

（2）心流状态分析

- 回想一下：哪些活动让你忘记时间、全神贯注、感到充实？这些活动可能是你的热爱所在。

- 参考心理学家米哈里·契克森米哈赖的"心流理论"。

（3）记录高光时刻

- 写下你人生中最有成就感、最快乐的几个时刻，分析其中的共同点。

- 想一想：这些时刻是否反映了你的天赋或热爱？

（4）试验与迭代

- 尝试新事物：通过尝试不同的活动（如写作、演讲、编程、创业等）找到让你感兴趣的领域。

- 快速迭代：通过不断试错和调整，逐步明确自己的兴趣和优势。

3. 他人的反馈与支持

从他人的视角获得洞察。

（1）问卷反馈

- 问你的朋友、家人或同事："你觉得我最擅长的事情是什么？""我在哪些方面表现得最好？"

- 收集多方意见，寻找共性。

（2）职业教练与导师咨询

聘请职业发展教练或与有经验的导师交流，获得指导和启发。

4. 结构化方法和框架

系统性地分析自己。

（1）IKIGAI（生存之道）模型

- 四个交集：
  - 你热爱的事情
  - 你擅长的事情
  - 世界需要的事情
  - 你能获得报酬的事情
- 找到它们的交集，即你的"人生意义"。

（2）设计思维方法

- 把自己的人生当作一个产品来设计。
  - **探索阶段**：尝试不同的工作和兴趣。
  - **原型阶段**：深入研究感兴趣的领域。
  - **测试阶段**：通过实践验证你的选择。

最终，不管哪个方法帮到了你，你都要落实到行动上，在实践中获得真知。大多数人过着平庸的生活，不是因为他们缺乏才能，而是因为他们缺乏勇气和方法去探索自己的潜能。希望这些方法能够帮助你发掘更大的潜能。因为人生最大的遗憾不是失败，而是我们从来不知道自己能达到什么高度。

第3章

加入圈子：加入对的圈子，找到人生事业方向

改变运气，从改变自己的社交圈子开始

> 你的水平，是你最常接触的5个人的平均值。
>
> ——吉姆·罗恩

如果不是连续多次给自己换圈子，很难想象我会多花多少时间，才能走上追随热爱、把热爱变成人生事业的道路。

从小到大，我都循规蹈矩地走着身边大多数人走的道路——好好学习，考上好学校，找一份好工作，赚到不错的工资。按理说，我应该继续沿着身边大多数人走的道路走下去——一路追求升职加薪，找个好对象，买车买房，结婚生子，然后继续让自己的孩子重新走一遍这条路。

但是这条路走着走着，突然有一天，我就走上了岔路。岔路是从2020年被裁员那天开始的。被裁员之前，我的圈子就是硅谷科技公司打工人的圈子，大家日常讨论的话题是升职加薪、跳槽去好公司、拿到更大的薪资包裹，工作之余做的事情是学习专业技能，或者滑雪、爬山、摘樱桃。

被裁员以后，我开始做自媒体。通过做自媒体，我的世界一下子扩大到了全世界。我看见其他做自媒体的伙伴，有人通过抓住电商行业的红利创业，获得了财富自由，有人通过做自己喜欢的事情过上了理想的生活，有人和爱人一起全球旅游、看遍世界……

在一个自媒体社群里，我认识了一个白手起家获得财富自由的姐姐，她对我说的一句话，至今让我记忆犹新："我相信你肯定能在做自媒体的过程中看到更多的可能性，3~6个月后，你再看看你是不是改变了发展方向？"

我觉得这位姐姐就是一个预言家。通过做自媒体，我给自己彻底换了一个圈子，冲出了身边环境塑造的巨大泡泡，看见了更大的世界，发现了更多的可能性。其中有一些想法，在2020年刚刚生根发芽，后来彻底改变了我的人生轨迹，其中就包括"裸辞"、创业。

有了创业的想法以后，我把身边的环境从硅谷职场圈换到了硅谷创业圈。突然间，没人聊升职加薪了，聊创业变得非常普遍，甚至成了一种默认的追求。然而，在硅谷创业圈里，也存在着局限性——那里的人普遍认为，科技创业才算是"够酷"的创业选择，大家的目标是创建独角兽公司，然后融资上市。其他的创业形式，是入不了硅谷创业圈的法眼的。

身处硅谷创业圈、自媒体圈这两个圈子，并同时投身科技创业和自媒体创业，让我意识到，创业的路不止一条。不断地给自己换圈子，和不同圈子里的人交流，尝试不同的项目，让我加深了对自己的认识，摆脱了硅谷创业路径的思维定式，找到了更适合自己的方向。

改变运气，从改变自己的社交圈子开始。

有些事情，你原以为距离你很遥远、几乎不可能完成，但是当你给自己换了一个圈子后，你会渐渐意识到，"其实也没那么难，我身边那么多朋友都做到了，我也不比他们差。"借助换圈子，你会打开眼界、收获信心，剩下的就是问自己的内心，你到底真正热爱什么、真正想做什么事。

把热爱变成事业，离不开一个支持你、鼓励你的社交环境。如果你的圈子无法为你带来新的认知，甚至限制了你的成长，那么你可能需要换个圈子。因为当你身处一个与你目标不一致的圈子时，很容易被其中的观念和思维局限所影响。

不要被身边负面的声音影响，你想做成什么，一定有办法做成。

第一步，就是给自己换一个圈子，和对的人交朋友。

怎么找到合适的圈子

01 从自身兴趣出发，寻找志趣相投的人

02 你想成为什么样的人？加入到这群人中

03 你想让身边环绕什么样的人？加入到这群人中

1. 从自身兴趣出发，寻找志趣相投的人

你喜欢什么？从你的兴趣出发，可以找到和你志趣相投的人，和他们建立深度的链接。如果你希望把你的兴趣爱好变成事业，那么就看看他们遇到了什么问题，有没有你想要解决并且有能力解决的问题。这个圈子里的成员，很有可能就是你的"种子用户"。

2. 你想成为什么样的人？加入到这群人中

很多时候，我们原来的圈子不仅不会促使我们变得更好，反而是阻碍我们前进的逆风。

想一想，当我们跟身边人描述梦想的时候，他们对你说过这样的话吗："你做这件事没戏，你根本不适合做这件事。""你能做成这件事的概率太低了，我觉得你还是现实点儿吧！"这些人不一定带有恶意，只是因为他们不了解你，也不了解你想去的新领域。他们不相信自己能够在新领域取得成功，所以也不相信你会成功。

这就是为什么一定要给自己换圈子，当你在错误的圈子里说出你的梦想的时候，你会听到"你不可能成功"这样的话；而当你在对的圈子里说出你的梦想时，那里的人们会告诉你，"你可以的，这件事没有多难，因为我们都已经走过来了。"

不少学员告诉我，加入我的课程社群之前，他们没有想过自己有一天会"裸辞"创业。但是不知不觉地，他们竟然一个接一个地告别了传统的职业道路，开始追随自己真正热爱、有使命感的事情。

我问她们："你加入咱们社群时候，想过自己有一天要辞职吗？"一位学员说："还真没有，是在咱们社群里浸泡久了，渐渐看见了自己的路。"另一位学员说："在咱们社群里，我收获了智慧、方法和勇气。看见你和其他伙伴都找到了自己真正热爱的事，把热爱的事变成了事业，我就觉得这件事应该没那么难，我也有可能做到。"

改变圈子，才能改变你对世界的认知。

3. 你想让身边环绕什么样的人？加入到这群人中

"最终，我们赚的不是喜欢我们的人的钱，而是我们喜欢的人的钱。"找到自己喜欢的人群，服务他们，为他们解决问题，久而久之，你会发现你的身边全都是你喜欢的人，你每天都会过得很开心。

在我一开始走上自媒体创业之路的时候，我并不清楚自己想要服务哪些客户群体，我只知道我可以教大家怎么经营好自媒体，而且我觉得我可以帮到所有人。然而，如果我们想要服务所有人，也就意味着哪一类人都不会对我们十分满意，而且我们在服务过程中也不会很开心。

从性格特质来说，一定有一些人会滋养我们，和他们相处，我们会如沐春风；也一定有一些人会消耗我们，这些人虽然数量不多，但是会消耗我们大量精力，让我们感到疲惫不堪。

从人群特质来说，你会逐渐发现，服务某一类人，你会更容易帮助他们拿到结果；而用同样的精力去服务另外一类人，却有可能让你的全部付出都打了水漂，让你缺乏自信、毫无成就感。

如果你一开始不知道自己喜欢谁、想要服务谁，没关系，可以先保持开放的态度，包容不同的人，然后逐渐找到自己的答案。最终，你身边环绕的人群画像会越来越清晰。比如，随着时间的推移，我越来越清晰地知道，我想要服务的人就是和我一样的人——他们正在或者已经觉醒，希望活出自己，希望把他们热爱的事情变成一份小而美的事业，希望借助自媒体影响照亮更多人。

当画像逐渐清晰时，我所构建的圈子，以及我加入的圈子，里面都是这样的人。当你成功构建或者加入这样的圈子以后，你需要不断加深和这些你喜欢的人之间的链接。通过深度链接找到用户痛点、挖掘用户需求、寻找商业机会，同时，建立小而美的商业合作关系网，让自己拥有更多的盟友。

每个人都可以通过这些方法，找到属于自己的破局之道。

"改变运气
从改变
自己的
社交圈子
开始"

给予越多，收获越多。

加入对的圈子，
找到人生事业方向。

加入圈子后，应该怎么做

01	积极参与圈子活动
02	不计回报地利他给予
03	帮助圈子的发起人解决问题

1. 积极参与圈子活动

加入圈子后，要积极参与圈子组织的各种活动。比如线上的讨论、分享会、问答环节等。在这些活动中，不仅可以学习到其他人的经验和知识，还能展示自己的见解和能力。

当有话题讨论时，不要吝惜自己的观点，勇敢地表达出来，与大家进行深入交流。通过积极参与活动，让自己更快地融入圈子，结识更多志同道合的人。同时，也能让圈子里的其他人更好地了解自己，为自己争取到更多机会。

我经常跟我的学员说，对于社群活动，一定是"参与越多，收获越多"。那些被看见、被喜爱的人，没有一个是潜水党，都是利他的活跃分子。

我们的很多学员，通过在社群里提供价值、为别人捧场，成了社群的"群红"。在发售产品的时候，他们光是在我们的社群里就能吸引数十位客户，把一期训练营招满；在寻找合作伙伴的时候，他们也是最容易找到合作伙伴的人。

2. 不计回报地利他给予

在圈子里，要学会不计回报地给予他人帮助。这不仅可以建立良好的人际关系，还能建立自己的品牌。当看到有人提出问题或需要帮助时，主动伸出援手，分享自己的知识、经验和资源。不要总想着从别人那里得到什么，而是要先考虑自己能为别人做些什么。然后你会发现一个神奇的现象——**给予越多，收获越多。**

前一条"积极参与圈子活动"不是建议你每天在圈子里无意义地"灌水"，而是要"不计回报地利他给予"。当别人提出问题的时候，分享你所知道的信息；当别人请求帮助的时候，给予力所能及的帮助；在别人取得成绩的时候，大方给予夸奖和鼓励……

通过利他给予，可以在圈子里树立良好的口碑，吸引更多人的关注和认可。当我们需要帮助时，也会有更多的人愿意伸出援手。而且，在帮助他人的过程中，我们也会不断加深对自己的认识，挖掘自身优势。

在社交领域，价值就是你的"个人资产"。很多人误把进入高端社群当作通往成功的捷径，幻想这就是"向上社交"，好似只要身处其中，便能沾上大咖们的光环。然而，就如查理·芒格常提醒我们的那样："想得到一样东西，最可靠的方法是让自己配得上它。"如果你无法提供与之匹配的价值，那你在他们的世界里，只是一个可有可无的联系人，而不是真正有意义、有价值的人脉链接。

3. 帮助圈子的发起人解决问题

圈子的发起人通常是一个圈子的核心人物，他们为圈子的发展付出了很多努力。我们可以主动关注发起人的需求，帮助他们解决问题，为圈子的发展贡献自己的力量。

比如，如果圈子的发起人正在策划一场活动，我们可以主动提供一些创意和建议，或者帮忙联系相关的资源；如果发起人在管理圈子的过程中遇到了困难，我们可以提出自己的解决方案，或者协助他们进行管理。通过帮助发起人解决问题，我们可以与发起人建立更紧密的联系，获得更多的机会和资源。

同时，我们也可以积极参与圈子的建设和发展，为圈子的壮大贡献自己的一份力量。比如，邀请更多人加入圈子，分享圈子的价值和意义，让更多人受益。或者可以参与圈子的规则制定和管理，维护圈子的良好秩序，为大家创造一个良好的交流环境。

总之，加入圈子后，积极参与圈子活动，不计回报地利他给予，帮助圈子的发起人解决问题。通过这些做法，你可以在圈子里获得更多的价值，在成为"网红"之前，先成为"群红"。如果你可以成为"群红"，那么你的小而美创业之路上就有了一股助推你前进的风，你身边的人都希望可以帮助你成功。

发掘自己的闪光点，从给别人提供价值开始

在面试一个学员的时候，这位学员告诉我，她已经50岁了，之前在做石油化工贸易工作，发现这份事业不是自己喜欢的时候，已经过去了十几年，现在很迷茫。她觉得自己最大的优点，就是一直在学习新东西。

她说自己之前报名过和我们的产品类似的课程，但是并不满意。我问她为什么不满意，她的描述让我觉得，无论她报名哪一家的课程都不会满意。

于是我说，您来我们这里，也大概率不会满意。如果我们对外界事事不满意，其实是因为我们对自己不满意。因为对自己不满意，又不知道该怎么改变，于是就会对家人不满意，对外界环境不满意，把责任从自己身上撇出去。

为什么你会对自己不满意

因为过去那么多年，除了做了一份并不热爱的事业、照顾孩子和家庭、拼命赚钱、谋求升职加薪，没有活出自己。

正在读这本书的你，如果你没有在做自己真正应该做的事

情，那么你或早或晚，一定会感到迷茫、不满，这种迷茫、不满，不仅影响你的心理健康，还会影响你与身边人的关系。

当我们被问到为什么不去做自己热爱的事情时，我们通常会给出各种理由。有人说，他喜欢做某件事，但是觉得自己不是这个领域的专家，所以不敢专门分享自己的观点。还有人说，他只是把一件事当作兴趣爱好，不知道这个兴趣爱好能给别人提供什么价值。还有人会说，他热爱的事情，在网上已经有很多讨论了，觉得自己没有必要再讲一遍。

我的一个在硅谷当程序员的朋友，他擅长编程，但是真正喜欢研究的是心理学、哲学和认知科学。在与他的交谈中，我发现他有许多有价值的想法，但他却没有在互联网上分享这些知识。我问他为什么不对外分享，他说，互联网上已经有许多人在这些领域内做出了贡献，他觉得自己的分享没有额外的价值。尽管他对编程工作并不热衷，但是他也不打算把爱好发展成另一种人生可能性。

这种心态并非个例。我们经常因自我设限而阻碍自己追求真正喜欢的事物。但事实上，每个人都有自身独特的地方，同样分享一个信息或观点，你可能比其他人观察得更细腻，也可能更擅长提炼框架，也可能分析得更落地、更实操，又或者你擅长通过讲故事影响他人的心智，不管是哪种风格，你都能从不同角度为他人带去启发和帮助。

怎样突破自我限制

01 在心法层面，相信每个人都有值得分享的东西

02 在技法层面，多在不同的场合、平台上展示自己

03 如果自己主动突破很困难，那么换一个圈子

在心法层面，相信每个人都有值得分享的东西

我们的成长背景、经历、思维方式都是独一无二的。这些独特的经历和想法能够启发和影响那些经历类似或处于不同成长阶段的人。即使你觉得自己不是某领域的专家，你的经验和见解也可能对其他人极具价值。

例如，一位刚开始进行自媒体创业的人，虽然不如做了十年的行业资深人士那样经验丰富，但他的新鲜视角和实战经验可能对初学者更有帮助。那些资深专家，很有可能已经忘记了初学者的困惑和需要。

在我推出自媒体创业课程的时候，我把自己过去两年做自媒体积累的经验提炼成方法论分享了出来。对很多资深自媒体博主来说，他们的内容创作方法已经是肌肉记忆，可以信手拈来，但是他们不一定记得新手会遇到什么问题，也不一定能提炼出方法论来指导新手。而我从零开始，在别人认为"做自媒体已经太晚了"的时候一路逆袭，我的经验对于比我晚几年起步的人来说很有价值。

如果因为觉得别人自媒体做得更早、更好，或者担心讲这个话题的老师太多，那么我的自媒体创业之路会走得艰难很多，这本书也就不会出现在你的面前了。

在技法层面，多在不同的场合、平台上展示自己

展示自己并不是为了炫耀，而是为了分享对他人有价值的信息和经验。无论是学到的新知识、个人想法、成长经历、成功或失败的经验，都值得分享。通过分享，你会收获来自读者和观众的反馈，从而发掘自己的热爱和擅长，甚至直接找到新的人生方向。

我曾经写过一篇关于自己从数据分析师转型数据科学家的经历的博客，这篇文章一夜爆火，吸引了数十万人的关注。如果我对数据科学有更大的热情，我当时立刻可以设立一个咨询业务，来帮助更多想要转型进入数据科学领域的人。虽然没有借着这篇文章的影响力去发展业务，但是通过分享，我认识到了自己在内容创作上的优势，这也为若干年以后我选择自媒体创业埋下了种子。

所以，相信自己的独特性，勇敢地分享。每个人都有自己的闪光点，通过分享，我们可以发现自己身上的光，也会让别人看见

我们身上的光。也许这束光，就是改变你人生道路的起点。

如果自己主动突破很困难，那么换一个圈子

人的改变有两种方式，一种是自己主动突破、创造改变，另一种是借助外力和环境推动改变发生。

主动改变的难度是很大的，因为多年积累下来的习惯和思维定式，让我们很难否定过去的自己并做出改变。所以你会发现，人的主动改变往往发生在外界环境突变之后，比如在经历重大挫折、人生变故、关系问题之后，一个人好像"突然变成了另一个人"。说到底，还是在借助外力和环境推动改变发生，只不过这些负面事件不是我们主动创造的，而是被动发生的。

如何主动创造环境推动改变发生呢？答案是，主动给自己换圈子。前面提到我曾经写过一篇从数据分析师转型数据科学家的爆款博客，其实这篇文章的诞生，就得益于我当时所在的圈子。不然你说说看，一个以中文为母语、英文语法老是出错的人，怎么会突然开始写英文博客，并且还发布到各大英文平台上？一定有外界推动力存在。

之所以会写这篇博客，是因为我在参加数据科学集训营的时候，负责指导求职的老师要求每个同学至少在LinkedIn或Medium平台上发布两篇与数据科学相关的博客。这位老师告诉我们，在自媒体上发声，非常有利于我们建立个人品牌，可以帮助我们实现职业转型。

其实，完不完成老师的作业，我们不会获得惩罚或者奖励。但是，首先，我们知道将内容发布到自媒体平台对我们自己很有好处；其次，集训营的同学们都纷纷发布了，我还有什么好怕的呢？于是，我发布了第一篇英文博客，介绍我在集训营的毕业项目，迈出了第一步以后，迈出后面的步子就容易了。我的第二篇博客，介绍了与A/B测试相关的要点。

从数据分析师转型数据科学家的博客，是第三篇，已经超出老师要求我们完成的数量，但是改变已经发生，我对写英文博客已经不再畏惧了。然后这第三篇帖子火遍全网，成为找数据科学家工作的必读文章之一。

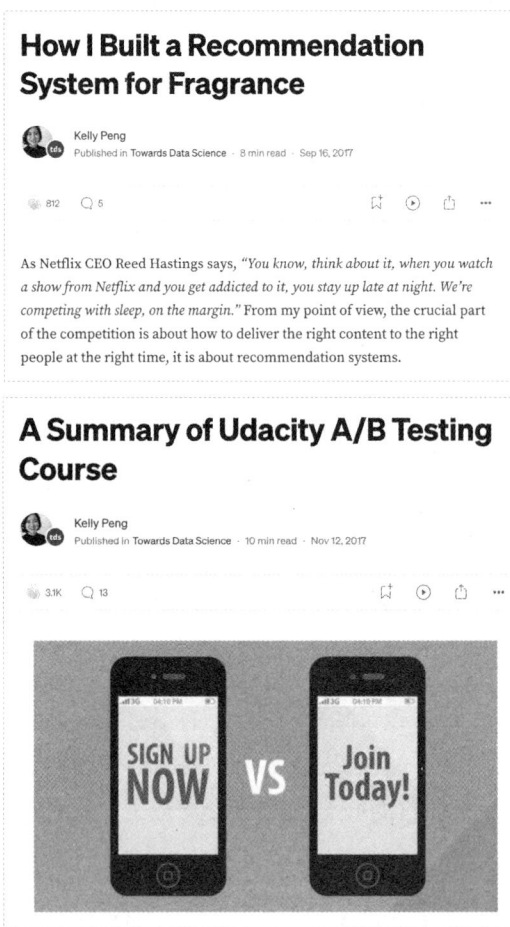

How I Built a Recommendation System for Fragrance

Kelly Peng
Published in Towards Data Science · 8 min read · Sep 16, 2017

812   5

As Netflix CEO Reed Hastings says, *"You know, think about it, when you watch a show from Netflix and you get addicted to it, you stay up late at night. We're competing with sleep, on the margin."* From my point of view, the crucial part of the competition is about how to deliver the right content to the right people at the right time, it is about recommendation systems.

A Summary of Udacity A/B Testing Course

Kelly Peng
Published in Towards Data Science · 10 min read · Nov 12, 2017

3.1K   13

SIGN UP NOW VS Join Today!

How to land a Data Scientist job at your dream company — My journey to Airbnb

The process, tips, and some resources

Kelly Peng
Published in Towards Data Science · 8 min read · Jul 6, 2018

21K   119

现在，我的很多学员就像当年那个不敢发布英文博客的我——他们想做自媒体，但是害怕别人的评论、不敢真人出镜、担心自己的作品不够完美；他们想要闪闪发光，但是又觉得自己不够好、不够专业、不够美、不够强；他们想赚到钱，但是不敢营销自己、不敢发朋友圈、不敢为自己的服务合理定价……

当他们换到我们的圈子之后，改变会在环境的推动下发生。迈出第一步以后，他们就会发现，原来这件事没有我们想象得那么可怕，每个人都是可以做到的。

全新的人生可能性，大概率在你的圈子之外

我的一位学员Marshal，现在是一位生活在硅谷的高管教练。几年前，在一个华人创业者社团，我认识了Marshal。他不仅是这个创业社团的管理者之一，同时在斯坦福大学攻读EMBA。当时他正在经营一家生物科技公司，让我惊讶的是，后来他选择成为一名高管教练。

在我看来，科技公司创业者和高管教练职业，是两条不同的道路，而且在大众的评价体系里，科技创业更有可能带来丰厚的回报。

他为什么会选择成为教练？Marshal跟我分享了他的经历——进入EMBA项目之后，每一位学生都会被分配一位教练，教练会在一年的时间里，时不时地和学生展开对话，帮助学生看清问题、解决问题。

在此之前，他从来不知道教练是什么，以及教练能起什么作用。但是当他亲身体验了和教练沟通之后，他觉得教练很神奇，竟然能对一个人有这么大的帮助。于是他开始深入了解这一领域，看书、报名学习教练培训的专业课程，给自己换圈子，链接很多教练同行，在这个过程中，一步一步加深了对教练行业的了解。最后，他决定全职做教练，而且坚定地说，未来也会继续全职做教练。

在硅谷这样的环境里，选择成为全职教练，是一个不寻常的决定。因为做教练的收入，大概率不及在科技公司工作的收入。但是Marshal选择了全身心投入，在实践过程中走出了自己的路。因为他找到了自己真正热爱并认为有意义的事。

我相信能够做出这个决定，和他活跃在教练圈子里有密切的关系。他看到了成为全职教练的可能性，看到已经有人走通了这条路，所以只要自己真的想做到，那么就一定能够做到。

那么，我们到底要怎样做，才能发现新的可能性呢？

这件事可以分为两个步骤——"向内观"和"向外看"。向内观察自己的优势和天性，向外看人、看世界。

向内观

自我反思，了解自己喜欢什么、擅长什么、有什么性格特点，明确自己想要什么，然后依据答案来选择往什么方向换圈子。

这个步骤需要和向外看结合起来，因为"自己"这个东西是看不见的，只有撞上一些别的什么，反弹回来，才会了解"自己"。

如果父母在家庭教育中没有引导过我们自我探索，成长过程中我们又一路在学校和公司的"流水线"上被打磨得不认识自己到底是谁，那么认识自己的过程可能很漫长，但是值得。

所有的经历都是财富，所有的尝试都不是浪费时间，不加思考地度过每一天，才是真正的浪费。

向外看

向外看的方式包括看书、看影音资料、旅行、见人、换圈子等。现在互联网如此发达，你需要的信息网络上都有，但问题是如果你都不知道自己想要什么，那么你连找什么信息都不知道。所以，做生活的有心人，比如像Marshal，当教练的机会来到眼前的时候，保持开放的心态去尝试，拥抱全新的体验。

我的意思不是说你一定要去名校读EMBA，或者做自媒体吸引成千上万的粉丝，其实在你的身边就有很多优质的信息来源。如果你能够在你感兴趣的领域里找到自己想成为的人，特别是那些比你早起步几年、已经取得了你想要的结果的人，那么靠近他们，对你成长的帮助会是很大的。

比如，如果你有喜欢的博主、创作者，那么他们就是一个超级链接中心，以他们为中心，会聚拢很多兴趣爱好、价值观相似的人。如果他们恰好在运营社群，加入这样的社群，可以帮助你很快打开一个更大的世界。

比如我的身边就聚拢了很多想要启动小而美创业，或者已经在创业的人，他们来自世界各地，业务遍布各行各业，包括教育培训、互联网、品牌出海、健康养老、心理健康等。如果你也是相似的人，那么来到这个社群，你就会快速链接到很多同频的伙伴。

除了自媒体渠道，有的学校、组织机构也有不错的社群。比如，在我有了辞职创业的想法后，我就加入了我能加入的所有创业社群。在加入一个社群后，你会顺藤摸瓜地找到更多社群，然后一步步扩大自己的视野，链接到越来越多的人。直到有一天，蓦然回首，你已经身处完全不一样的世界了。

第4章
个人品牌：大胆向世界发声，建立你的个人品牌

从"隐形人"到百万博主，我的觉醒之路

> 21世纪的工作生存法则就是建立个人品牌。
>
> ——美国管理学者彼得斯

找到了热爱（Passion）和圈子（Peer Group）之后，想要把热爱变成一份事业，你需要做的是让别人知道你是谁、你擅长什么、你可以在什么方面为别人创造价值。如果你做到了这些，你就给身边圈子里的人留下了"你在什么方面能力很强"的印象，你的个人品牌从而就在身边的圈子里建立了起来。

个人品牌是你在他人心目中的独特印象和专业定位，是你的能力、价值观和个性特征的统一体现。它不是华丽的包装，而是你真实价值的凝练与展现。一个成功的个人品牌，能让人在提

起某个领域时，自然而然想到你。比如，提到潜能挖掘，大家就会想到托尼·罗宾斯（Tony Robbins）；提到财富，大家就会想到《富爸爸穷爸爸》以及他的作者罗伯特·清崎（Robert Kiyosaki）。

就像企业品牌一样，个人品牌也是一种承诺——你向世界承诺可以提供什么样的价值，具备什么样的专业能力，秉持什么样的行事准则。这种承诺一旦建立，就需要持续兑现和维护。

在竞争越来越激烈的时代，要想让人们认识你、信任你、选择你，你要先充分表现自己。倘若你埋头做事而不被人认知，你的辛勤付出就很难被别人看见。

几年前，在一次面试国内某大厂的过程中，面试官问我："你在美国工作这几年，职场上遇到的最大挑战是什么？"

我在大脑中快速扫描了一遍过去几年的经历，很快就找到了答案——

"最大的挑战是营销自己。中国人往往在做事情上是勤勤恳恳的，但是不会四处去说自己做了什么事情，于是只有同小组的人知道你做了什么，影响力很有限。我在过去这几年学到的重要一课，就是要懂得营销自己。"

是啊，硅谷华人最喜欢吐槽的事情之一，就是公司里的印度人有多么善于营销自己、抢了华人的风头——他们可以很自如地把自己这个原本项目里微不足道的配角，包装成举足轻重的关键人物；把一个不足挂齿的小项目，包装成一个不容忽视的大项目，好像公司离开了他们，就要破产倒闭了似的。

回答完面试官的问题以后，我窃喜自己反应真快，既夸奖了咱们中国人勤恳，又回答了真实存在的挑战。但是这简短的回答背后，其实是惨痛的教训。

它的背后，是数不清多少个独自加班的夜晚，是数不清多少篇辛苦写完却没人知道的分析报告，是一次又一次在会议上欲言又止的时刻，和失望的绩效考评结果……

有一段时间，我工作十分勤奋，也确实做了不少影响产品路线的分析项目，但在年终绩效考评中，我只拿到了"meet all expectation"，也就是硅谷大厂考评中属于平均水平的那一项，我很失望。

我问当时的老板："我很困惑，如果做了这么多事情，依然只是meet all expectation（达到预期），我不知道怎样做才能exceed expectation（超出预期）。"

老板回答道："光努力工作是不够的。"

后来我换了个老板，新来的老板告诉我："咱们设想一下，在绩效考评的时候，把你的工作报告和另一组的小明的工作报告放在一起，小明做的工作，其他组的人听说过，你做的事情，我们组之外的人都不知道。考评的时候，别的组的领导随口说一句'我知道小明做的这个项目'，你说谁会得到更好的考评结果？"

我会一直记得这位老板说的话。

"改过自新"以后，我帮助了一个又一个比我晚几步的同类人。

后来，我开始做自媒体，一步步成为多个自媒体平台商业财经赛道的头部博主。我找到了自己热爱且擅长的事情，并把热爱变成了我可以做一辈子的事业。但是，"营销自己"这一课，我一直铭记在心。

所以，我持续创作优质内容，在不断被更多人认识的同时，我不在乎黑粉的评价。因为我知道，如果你没有被更多人看到，你连看到黑粉的可能性都没有——别人根本不屑于关注你，又怎么会有人黑你？除了持续在公共平台上积极发声，我的私域经营策略也变得大不相同。以前我只在朋友圈偶尔晒旅游照，后来我变成了营销达人，积极推销自己的内容、观点、产品、服务。

我不仅"改过自新"，彻底帮助自己突破了营销自我的卡点，还帮助很多和我相似的人突破了相似的卡点。我发现，我身上曾经存在的问题，其实是无数人共同的问题。

我遇到无数学员，他们有能力、有才华，在自己的领域很专业，但是没有多少人知道他们——他们加入社群后总是潜水；他们从来不在朋友圈营销自己；开口介绍自己的时候，他们不知道如何吸引别人的注意力，有时还会刻意避免吸引别人的注意力，把身上的亮眼标签藏起来，"深藏功与名"。

如果你依然在犯我曾经犯过的错误，依然像我遇到过的学员一样低调，藏起自己的光芒，那么你就要接受自己被更少的人知道、拥有更少的客户、积累更少的财富，并在把热爱变成事业的道路上，多走很多弯路。既然已经读到了这里，那你一定非常想知道如何打造个人品牌，接下来我们说说具体怎么做。

"大胆向世界发声，建立你的个人品牌

情感 独特 实用
共鸣 视角 干货

行动是关键"

拥有自己独立的思考和立场

才能让你脱颖而出。

长期价值的内容基于人性和科学

避免追逐短期热点。

脱颖而出，打造个人品牌的4个关键步骤

对于不同人群来说，打造个人品牌的道路略有不同。

如果你有产品和服务，知道客户是谁，希望推广你的产品和服务，那么你的个人品牌打造的路径会很清晰明确，你大概率是想吸引特定人群，输出有利于你和你的产品形象的内容。

比如，在我早期写英文博客的阶段，我的目的就是塑造我在数据科学领域的专业形象，为自己在数据科学领域增加曝光，帮助自己找到好工作。所以我在这个阶段的内容，全都和数据科学相关。

如果你暂时还没有产品和服务，还处在探索更多可能性、寻找方向的阶段，那么你打造个人品牌的方向就不会特别清晰，但是这不代表这个阶段的你不应该对外输出。你完全可以通过对外输出、和世界碰撞，来加深对自己和对世界的认识。

比如，2020年我开始更新微信公众号、视频号，除了想要建立影响力，我并没有想好定位方向、商业路径，只要是我感兴趣的、觉得对别人有用的内容，我都会讲。那段时间每天更新视频，我一分钱也没赚到，别人也看不懂我到底图啥，但这却帮助我链接到了更广阔的世界，从而彻底改变了我后来的人生轨迹。在这个过程中，我逐渐积累起影响力，也逐渐加深了对自己的认识，越来越清楚自己可以为别人提供什么价值、自己和别人有什么不一样的地方、什么是自己想做一辈子的事情。虽然我的自媒

体商业道路看起来起步缓慢，但是每一步都走得很稳健。

对外展示清晰的个人品牌形象，是建立在我们对自己、对自己的产品足够了解的基础之上的。无论你是已经有产品，还是暂时尚在探索，都应该开始向世界发声、打造自己的个人品牌。

总体上，打造个人品牌可以归结为以下4个关键步骤，我们来一一拆解：

01 明确个人定位

02 系统性内容建设

03 建立持续影响力

04 确保长期一致性

第一步：明确个人定位

个人品牌建设这座大厦的根基，就在于清晰明确你是谁，以及你要服务谁，而要做到这一点，需要诚实地回答以下几个关键问题。

1. 你最擅长什么？——找到你的核心竞争力。

你的核心竞争力，往往藏在你的专业技能、独特经历或者独到见解之中。每个人都有自己独一无二的能力和经历组合，关键在于发现自己与他人不同的地方。

以拥有千万名粉丝的网红李蠕蠕为例，她的内容主要以模仿和表演为主，比如TVB演员的口音、环球小姐的神态，以及各种明星在荧幕上的表现，她都模仿得惟妙惟肖，深受观众喜爱。然而，她的成功并非偶然。在进入短视频行业之前，李蠕蠕毕业于播音主持专业，曾在电视台做主持人。她的专业表演技能经过系统训练，再加上她个人对TVB电视剧的热爱，对模仿表演的兴趣，使她具备强大的创作能力。

李蠕蠕的成功在于，她将专业技能与个人爱好完美结合，形成了自己的独特风格。因此，与其试图成为下一个李蠕蠕，不如思考如何成为独一无二的自己。每个人的经历、爱好和技能组合都是独特的，关键是挖掘出这种差异化，并将其转化为核心竞争力。

同样，李子柒的成功也源于她独特的经历和能力组合。

李子柒成长在中国四川的一个小乡村。自幼生活在农村的她，享受着大自然的馈赠，受到了传统文化的熏陶。在她的记忆之中，祖父母常常会为她讲述农村生活的种种传统，如何种田、酿酒、制酱等，这些在她日后的创作中都扮演了重要的角色。

而且她动手能力极强，在成为短视频创作者之前，她曾做过DJ，对摄影也很有研究。她对摄影和音乐的审美，使她在视频制作中游刃有余。通过把对传统文化的热爱与个人的动手能力相结合，李子柒创造出令人惊叹的内容，成为独特的存在、全球华人博主里的顶流。

尽管有许多人模仿她，希望像她一样成功，但想要成为第二个李子柒并不容易。因为每个人都会走出自己独一无二的道路。

以我个人为例，我毕业后一直在硅谷工作，这段经历帮助我建立了国际化的视野和包容的心态。

我过往的数据科学工作经历，要求我锻炼自己的表达，要有观点、有逻辑、有框架。

我是一个热爱并擅长讲故事的人，所以在创作内容的时候，我擅长通过故事来启迪人心。

我告别职场、"裸辞"创业，从0到1建立起自媒体商业，这要求我不断提升自己的商业认知，所以我也喜欢分享海内外的前沿商业信息。

我喜欢读书学习，不怎么看消遣娱乐的电视剧、综艺，所以我的内容往往是在输出我认为有价值的信息，而不是提供娱乐消遣。

过往的技能、经历和习惯，让我在内容创作上形成了自己的风格，构成了我的独特优势。

值得注意的是，许多人的核心竞争力并不是一开始就明确显现的，而是在与外界的碰撞中逐渐被发现的。李蠕蠕和李子柒的成功离不开她们不断的尝试和探索，最终找到了适合自己的方向。

在我的社群中，许多学员也通过积极参与活动，逐渐发现了自己的独特之处。例如，一位曾担任留学咨询顾问的学员，通过在社群中积极参与活动、帮助他人，发现自己强大的共情能力和敏锐的洞察力。比如她经常在我们的私董会中准确洞察他人的内心，并且用温暖、精准的语言描述出来，帮助别人看见自己不曾看见的地方。这些能力结合她对心理咨询的热爱，不仅帮助她厘清了未来的方向，也让她明白了自己可以为他人提供的独特价值。

每个人都有潜在的闪光点。虽然在探索过程中会经历迷茫，但这都是正常的。我们可以借助工具分析自己的优势，更重要的是在实践中不断尝试，排除错误选项，找到最适合自己的道路。你是一块金子，总有一天会闪闪发光。

2. 你想服务谁？——定义你的目标受众。

你想服务、想吸引的人群，决定了你输出内容的方向和风格。

你想服务初入职场、怀揣迷茫与憧憬的新人，给他们提供来自前辈的指引？还是服务特定行业里已经有一定基础，但想追求更深入专业知识和前沿理念的专业人士？

比如，我想服务的是有些情怀和理想，希望把热爱变成事业，希望把事业借助线上渠道做得更成功、造福更多人的创业人群。

受众定位清晰之后，就能够更精准地制定出契合需求的内容策略，从而更有效地吸引受众。

我想要服务的人有些共同特点，比如心态开放，喜欢学习新东西，希望了解其他创业者是怎么做事的，从而收获思路和启发。而且，这类人因为有情怀和理想，所以不会特别功利，不相信一夜暴富的奇迹。所以我的内容输出，聚焦于拆解别的成功创业者的案例和创业细节，分享带有我个人"利他"价值观的观点。

3. 你想如何被记住？——这关系到你的个人品牌调性。

你是想做别人眼中的亲切学姐，还是前辈老师？

你是想塑造一个专业权威的专家形象，还是一个随和幽默的形象？

你的个人品牌调性，会直接影响你的受众和你互动的方式。根据弱传播定律，你把自己的形象打造得越"高大上"、越权威，那么你离普通人就会越远。针对领域的不同，以及最终目标的不同，最有利于你的个人品牌调性是不一样的。

比如，如果你是一位律师，希望吸引客户，那么你塑造的个人品牌应该是专业的、权威的、值得信赖的，而不是搞笑的、诙谐的，因为专业权威的个人品牌最有利于你被受众信任。

如果你是一个公司老板，希望帮助公司宣传、吸引人才，那么你塑造的个人品牌最好不要是高高在上的、权威的、张口就是官话和套话的老板形象，因为你的目标人群不会喜欢这样的老板。相反，如果你能展示一个亲切的、有爱的、普通人的形象，你受欢迎的概率会大大提高。比如雷军，买下网友为了调侃他而做的音乐《Are you OK？》的版权和大家一起玩。

再比如，我的一个博主朋友，一开始账号名是"××学姐"，讲学校和职场的相关内容。后来发现"××学姐"吸引来的受众，大多是大学生和刚毕业的学生群体，这类人群的付费意愿有限，不利于她的商业变现。而且，当她离开校园多年以后，她感兴趣的话题也发生了巨大变化，不再是以往"学姐"想讲的话题。于是后来她就另外打造了一个新账号，不再以学姐的个人品牌调性示人，方便她扩大话题和受众范围。

虽然我们可以通过设计如何对外展示自己，来塑造个人品牌调性，但是一切都要围绕真实的自己展开。如果你本来就希望自己在别人眼中高高在上，那么你也很难通过强求自己和蔼可亲而获得观众的喜爱，因为真实的你是藏不住的。

真实，才能禁得起时间的考验。如果不做真实的自己，那么你的个人品牌之路会很短。但是由于每个人都是复杂的多面体，我们说的"设计个人品牌调性"，指的是围绕着"展示真实的你"，选择以什么样的姿态、展示你的哪一面。

4. 你能提供什么价值？——这是最关键的问题。

你能提供什么价值的意思是，明确自己能够解决什么问题，又能给他人带来怎样实实在在的改变。

以刘畊宏为例，他在2020年迅速崛起，成为一名备受欢迎的健身博主。曾经是一名歌手的他，凭借专业的健身知识和丰富的教学经验，为那些希望通过居家锻炼增强体质、塑造身材的人们提供了简单易学且高效的健身课程。这不仅解决了许多人因在特殊时期无法去健身房锻炼的困扰，还成功打造了一个有影响力的健身博主个人品牌。

我的经历也有相似之处。我通过分享海内外前沿的商业案例、输出有价值的思考，旨在帮助大家提升认知、抓住机遇、提炼规律、正确决策，帮大家实现业务发展。

刘畊宏和我，虽然分属完全不同的领域，但都是在提供可以衡量的实际价值。换句话说，通过我们的分享，别人能够真正解决某一类问题——他们可能变得更健康、更富有，这些都属于可衡量的实际价值。

但是，"提供价值"并不仅限于实际的结果，情绪价值同样重要。

大多数人偏爱娱乐类型的内容，这类内容能够提供情绪价值，给大家带来欢乐，缓解压力和焦虑。

以李蠕蠕为例，尽管她的模仿视频不会直接解决人们的实际问题，但却能给许多人的生活带去快乐、减轻焦虑。再比如李子柒，她的视频虽然不直接教授烹饪技巧，但却能通过美丽的画面和音乐，给予观众情感上的疗愈，帮助他们慢下来，感受生活的美好。

情绪价值和实际价值没有孰高孰低之分，也不是对立的。无论你擅长生产知识型内容，还是娱乐型内容，都是在创造价值。

所以，想清楚你能为目标受众创造什么价值，是打造个人品牌的核心所在。

需要提醒你的是，这个问题的答案，在打造个人品牌的早期不一定是清晰的。你可能会觉得自己能分享的东西很多，这也能讲那也能讲，或者你还不够自信，不确定自己能否为他人提供价值。没关系，先找到一个大致的方向，行动起来，然后把其他的交给时间。

5. 定位不是一蹴而就的，没有"精确的定位"不代表你不能开始发声。

无论是公司品牌还是个人品牌，精准的定位都不是一蹴而就的。它需要对自己和市场的深刻理解，才能形成外显的精准定位。大多数人往往需要在探索的过程中不断迭代。

我最害怕的就是小白学员一上来就问我："老师，你能帮我找一个精准的定位吗？"因为我知道，寻找所谓的精准定位并没有捷径，虽然可以通过一些公式找到大致方向，但最终还需要依靠实践探索，逐步排除错误选项，找到正确的方向。

我在自媒体创业初期，也曾花费大量金钱寻求各种老师的指导。有一次，我购买的一个服务为我设计了一个定位方向，声称这个方向能赚到大钱。虽然这个方向对于一些人来说确实可行，但我并没有朝那个方向发展，因为它并不是我真正想做、适合做的事情。

这里我提供一个定位方式，可以帮助你找到一个大致的开始方向：

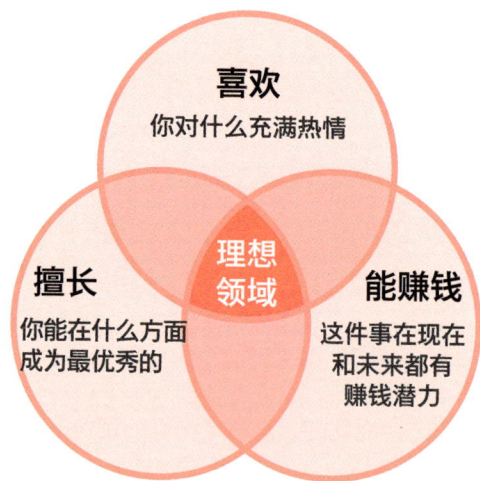

也就是说，个人品牌的定位需要从自身出发，结合：

- 你喜欢的事情
- 你擅长的领域
- 能赚钱的方向

先找到一个大致的方向，开始尝试，然后在实践中不断调整。定位不需要完美，重要的是**行动**。千万不要因为没有所谓的"精准定位"而不敢开始，如果这样，你可能永远都不会开始，眼睁睁错过机会。

个人品牌的发展可以随着个人成长而不断变化，而不是被"精准定位"所限制。而且长期来看，这些非"精准定位"的个人品牌，往往走得更远、更久。

我自己在自媒体上也分享了很多不同的话题，最开始，我有好几条视频都是分享演讲表达相关知识的，因为当时我在努力提升自己的演讲表达能力，所以顺便就分享到了自媒体上。当时有人建议我做一个"演讲表达博主"，产品可以做演讲表达课，我拒绝了。如果我这么做了，那么我的自媒体之路会短寿许多。因为我不想一直讲演讲表达这一个话题，万一哪天我不想讲这个话题了、不想做演讲表达课了，难道我要彻底放弃这个演讲表达博主的个人品牌，再做一个新账号吗？那我岂不是放弃了做自媒体的最大好处——长期耕耘的复利价值？

正是因为我随心而行，分享自己当下想分享的内容，我的自媒体之路才走得更远、更稳。

总之，个人品牌的打造，是一场持续的探索。开始行动，比纠结于"精准定位"更重要。因为只有通过实践，你才能真正看清自己的方向，也只有在实践中，你才能为目标受众创造出独一无二的价值。定位可以改变，但行动是永恒的起点。

第二步：系统性内容建设

当你有了清晰的定位之后，接下来要做的，就是通过持续且有策略的内容输出来展示你的专业价值，这就如同为你的个人品牌大厦添砖加瓦。

1. 专业文章是建立权威的基石

定期输出高质量、有深度的专业文章，将你在专业领域的见解、实践经验以及独到的思考成果毫无保留地分享出来。

在海外自媒体界，蒂姆·费里斯（Tim Ferriss）是一位极具代表性的人物。他通过在自己的博客及各大平台上撰写关于自我提升、生活技巧、创业心得等主题的专业文章，分享自己采访各界精英所总结出的高效工作方法、生活理念等。这些文章凭借深刻且实用的观点，帮助众多读者优化生活和工作方式，也让蒂姆·费里斯在全球范围内树立了权威形象，成为很多人在个人成长道路上信赖的知识来源，有力地打造了个人品牌。

2. 社交媒体是扩大影响的平台

巧妙借助微博、微信朋友圈、抖音等社交媒体平台强大的传播力，通过简短精练却又有个人观点的分享，与受众实时保持密切互动。

就国内而言，papi酱是一个非常典型的案例。她最初在微博等平台发布一系列幽默风趣、针砭时弊的短视频，内容涵盖生活吐槽、社会热点评论等多个方面，凭借极具个性的风格迅速走红。之后，她持续在社交媒体上与粉丝互动，分享自己的日常点滴、创作感悟等内容，积极回复粉丝评论，还通过微博发起话题讨论，增强粉丝黏性，不断扩大自己在自媒体领域的影响力，使papi酱这个品牌深入人心，成为大家熟知且喜爱的自媒体代表之一。

在国外，金·卡戴珊（Kim Kardashian）充分利用X（原为Twitter）、照片墙（Instagram）等社交媒体平台展示自己的生活、时尚穿搭、美妆心得等内容，通过频繁且精心策划的分享吸引了海量粉丝关注。她善于运用社交媒体的各种互动功能，比如直播问答、限时动态互动等，时刻保持与粉丝的紧密联系，打造出极具影响力的个人品牌，成为全球社交媒体上的热门话题人物，这也让她在时尚、娱乐等相关自媒体领域占据了重要地位。

3. 行业讨论是展示专业度的场合

要积极踊跃地参与到行业内的各种话题讨论当中。无论是线上热闹非凡的专业论坛、行业社群里热烈的交流探讨，还是线下干货满满的研讨会、行业峰会等活动，你都要勇敢地站出来，贡献出自己有价值、有深度的见解。

以中国互联网行业为例，许多产品经理会在"人人都是产品经理"这样的专业论坛上，针对产品设计思路、用户体验优化、市场需求分析等热门话题各抒己见，分享自己在实际工作中遇到的案例以及总结出的解决方案。这种思想的碰撞与交流，不仅能让自己的专业能力得到进一步提升，还能让更多同行记住自己，认可自己在行业内的专业度。

在海外的科技行业中，类似在国际知名的开发者论坛（如Stack Overflow）上，众多程序员们围绕各类编程语言、软件开发框架、代码优化技巧等话题展开热烈讨论，分享自己的代码实践经验以及解决疑难问题的思路。许多技术高手通过在这类平台上积极参与讨论、提供高质量的回答，展现出了自己深厚的专业功底，进而在全球开发者群体中树立了良好的声誉，提升了个人品牌在业内的知名度。你也不妨多参与这类行业讨论活动，充分展现自己的专业风采，提升个人品牌在业内的知名度。

4. 多样化的内容形式能触达不同受众

你可以大胆尝试文章、视频、播客等不同形式的内容创作，让自己输出的内容适应不同的受众。这样做有两个好处。

第一个好处是满足不同受众群体各异的喜好，迎合受众获取信息的习惯差异。

我经常跟我的学员建议内容要"一鱼多吃"，也就是同样的内容，要以不同的形式输出多次。

比如，我和朋友的一次线下对话，可以录制成视频，视频素材经过剪辑后，可以以长视频的形式分发到长视频平台，比如Bilibili、YouTube，也可以以短视频的形式分发到各大短视频平台，比如视频号、抖音、小红书。同时视频素材自动包含了音频，于是这次对话就能直接变成一期播客，发布到各大播客平台，比如小宇宙。播客音频还可以转为长图文，发布在微信公众号上。长图文还可以提炼精华，变成几篇短图文，发在朋友圈、小红书上。

喜欢看微信公众号文章、听播客、看长视频、看短视频的人群是不一样的，大家各有各的信息获取习惯。学会"一鱼多吃"，我们就充分利用了每一份内容，以不同的内容形式触达了不同的用户。

第二个好处是提高自身的反脆弱能力，更好地应对时代变化，对抗渠道和内容形式变更给个人品牌带来的风险。

在短视频内容形式飞速发展之后，一些曾经在公众号时代大火的账号没有及时跟进，继续守着长图文形式输出内容，最终结果是账号热度逐渐下降，错过了新内容形式的流量红利。而那些能够快速适应短视频形式、做好短视频的人，则会迎来事业的第二个、第三个高峰。

但需注意的是，无论采用何种形式，核心信息和价值观都要始终保持一致，这样才能不断强化你的个人品牌形象。

如果你对你的目标受众足够了解，那么你就可以开始填写以下表格，仔细拆解目标受众的特征、兴趣、目标/需求、问题/痛点，为之后定向输出内容做好准备。

个人IP选题表			
目标受众	**选题**		
	流量选题	专业选题	IP选题
特征			
兴趣			
目标/需求			
问题/痛点			

这个表格看起来比较复杂，让我举个例子来说明。以我个人为例，我希望吸引的目标受众是拥有一技之长、希望打造个人品

牌的创业者和专业人士。但并不是所有专业人士都是我的目标受众，我更倾向于吸引具有以下特点的人群：

1. 特征：

- 利他。

- 性格积极、有正能量，带有一点儿理想主义。

- 热爱学习，愿意成长。

2. 兴趣：

- 关注商业、创业相关内容。

- 喜欢学习新知识、新技能。

3. 目标/需求：

- 希望实现转型，比如从线下转型到线上，或者从普通职业转型为个人IP。

- 希望通过提升个人影响力，增加营收。

- 追求做自己喜欢的事情，过上更好的生活。

4. 问题/痛点：

- 不知道如何具体实施转型。

- 曾经尝试过，但效果不理想。

- 心理卡点较重，比如面临数据焦虑、完美主义等问题。

通过这些细致的拆解，我们可以更清晰地描述目标受众的特征、兴趣、需求和痛点。描述得越详细，我们就越清楚应该做什么样的内容选题来吸引他们。接下来，我们可以开始布局内容选题。内容选题可以分为以下三大类型，每一类都具有明确的目标和作用：

1. 流量选题：

- 这类选题关注当下热点话题，或者一些能够吸引更大人群的泛流量内容。
- 比如讲述有趣的故事、热点事件等，目的是吸引注意力，扩大内容覆盖范围。

2. 专业选题：

- 专注于你的专业领域、专业知识和技能，展示你在相关领域的专业度。
- 这类选题能够帮助你建立权威性，吸引对你的专业内容感兴趣的精准用户。

3. IP选题：

- 通过分享你的个人经历、观点和故事，展示你的特点、价值观和独特性。
- 重点是让受众感受到你这个人的真实和独特，从而增强对你的信任和认同感。

无论你想打造什么类型的个人品牌，这三类选题都是必不可少的。它们相辅相成，共同构建你的内容体系。

以我刚才提到的目标受众——那些希望打造个人IP的专业人士为例，我们可以针对他们的特征、兴趣、需求和痛点，设计相应的选题：

1. 流量选题：
- 分享热点创业话题，比如"2025年最值得尝试的副业"。
- 讲述成功转型的故事，比如"某个普通人如何通过打造个人IP实现年入百万"。

2. 专业选题：
- 提供实操性强的内容，比如"打造个人IP的第一步是什么"。
- 深入解析专业领域的知识，比如"为什么个人IP是未来的核心竞争力"。

3. IP选题：
- 分享自己的创业故事，比如"我如何从普通职员转型为个人品牌导师"。
- 讲述自己的观点，比如"为什么理想主义者更容易打造个人IP"。

通过这样的分类，你可以清晰地规划内容选题，既能吸引流量，又能展示专业度，同时还能增强受众对你的信任。如果你已经理解目标受众的拆解逻辑和内容选题的分类，那么可以尝试拿出一张空白表格，分析你想吸引的受众是谁，他们有哪些特征，以及你可以通过什么样的内容选题去吸引他们的注意力。

记住，内容选题的核心是针对目标受众的需求和痛点。当你越了解目标受众，越清楚他们的需求时，你的内容就越能打动他们，最终实现转化和价值提升。

受众描述	拥有一技之长、希望打造个人品牌的创业者和专业人士		
受众类型	关键点	选题	
		流量选题	专业选题	IP选题

受众类型	关键点	流量选题	专业选题	IP选题
特征	利他	结合热点，比如金刚智慧、了凡四训		自己和利他相关的故事
	积极，正能量	热点人物的励志故事		自己积极正能量的故事
	有点儿理想主义	Mr Beast为非洲捐了100口井		体现自己理想主义的故事
兴趣	关注创业、商业	××创业者，年入十亿元	商业创业方法论和认知	
	喜欢学习新东西	结合热点，分享新的AI提效工具		
目标/需求	需要寻求转型	分享他人的励志故事	干货经验	自己和转型相关的故事
	希望通过提升个人影响力，增加营收	分享他人的励志故事	干货经验	自己和打造个人品牌相关的故事
	追求做自己喜欢的事情，过上更好的生活	分享他人的励志故事	干货经验	自己通过努力过上理想生活的故事
问题/痛点	不知道怎么做		如何打造赚钱的IP	
	做了效果不好		打造爆款，你需要知道这3步	
	心理卡点比较重，比如数据焦虑、完美主义……		突破卡点的方法论	通过讲述自己的个人经历，分享突破卡点的经验

第三步：建立持续影响力

打造个人品牌可不是昙花一现的短期行为，而是需要像培育一棵参天大树一样，持续精心建设，不断滋养它成长壮大。

1. 选择一个细分领域深耕

与其在各个领域都浅尝辄止，不如聚焦于某个细分领域，努力在那里建立起无可替代的影响力。如果当别人提到一个领域的时候，第一个就能想到你，那么你就赢了。

比如，托尼·罗宾斯一直深耕潜能挖掘，是世界知名潜能挖掘大师，当人们听到潜能挖掘、自我成长的时候，就会想到他。围绕着这个主题，他推出了一系列的产品，比如自我成长产品、音频课程和研讨会。如今，他在多个行业拥有33家公司，据称这些公司每年合计创收超过10亿美元。

罗伯特·清崎深耕财富思维领域，他写的《富爸爸穷爸爸》以及一系列丛书，无一不在加强他在商业和财富领域的影响力，以至于如今只要你想提升理财思维，你就大概率无法错过他的作品。他也因此采用全资拥有或部分持有的方式，通过多家公司开展业务，并建立起一个财富帝国。

所以，找到你感兴趣且有发展潜力的细分领域，持续投入精力去钻研，你也能打造出属于自己的独特影响力。

2. 培养独特的观点和视角

人云亦云只能让你淹没在人群之中，拥有自己独立的思考和立场，才能让你脱颖而出。

前面提到的托尼·罗宾斯和罗伯特·清崎，无一不是拥有自己的独特主张和方法论。

托尼·罗宾斯哲学的核心是"个人力量"。他认为，每个人内在都拥有成功所需的一切，只要学会如何激发并最大化这种力量。

罗伯特·清崎明确强调要购买资产，他认为，好的资产可以帮你产生被动收入，这包括股票、债券、房地产和知识产权等。在清崎看来，理解资产与负债之间的区别是致富的关键。他的财富四象限理论贯穿所有内容，给人们留下了深刻的印象。

再比如，《臣服实验》《清醒地活》的作者迈克尔·辛格（Michael Singer），将自己的人生故事与哲学教义融为一体，他的核心主张是"向生活本身臣服"，不让个人的自我干扰生命的自然流动。

想要成为一个领域的顶尖人才，最有效的方法就是定义你自己的战场，有自己的独特主张，不和别人做一样的事、说一样的话。敢于提出与众不同但又合理且有价值的观点，可以更有效地提升个人品牌的影响力。

3. 建立专业社群

通过建立专业社群，可以把志同道合的人汇聚在一起，形成一个良性互动的圈子。

比如我创建的"勇士合伙人"社群，聚集了来自世界各地、各行各业想要借助自媒体放大影响力、提升营收的小而美创业者，大家会在社群里沟通最新的行业信息，交流创业过程中遇到的困惑，互相支持对方的产品，甚至成为事业合伙人、达成长期的合作关系。

作为社群的发起人，我不仅可以通过帮助其他创业者来提升自己的能力，还能通过组织线下活动、各地聚会等方式，增强社群的凝聚力和活跃度，进而提升自己在自媒体创业领域的影响力。也确实有很多合伙人，在这个信任、包容的圈子里达成了合作，把这个社群作为自媒体创业路上可以随时咨询请教、获得支持的港湾。

你也可以依据自己的专长，搭建这样的专业社群，让更多人围绕在你的个人品牌周围。

4. 经常参与行业活动

要积极参与各类行业活动，与同行们深入交流，持续更新自己的知识储备，这样才能让你的个人品牌始终紧跟行业发展的步伐，保持鲜活的生命力。

我每年都会划出一笔款项，用于参加海内外各类自媒体创业的活动、圈子、线上线下课程，了解国内外的最新机会、玩法。有时同行朋友邀请我在他们的活动里做分享，我也会欣然同意。通过这种交流互动，我既能拓宽自己的视野，又能结识更多行业资源，进一步巩固和扩大自己的个人品牌影响力。

你也应该多参与所在行业中类似的活动，让自己的个人品牌在行业的大舞台上持续发光。

第四步：确保长期一致性

个人品牌的长久发展，最重要的就是要保持各方面的长期一致性，这就如同为品牌筑起一道坚固的防线，让它能经得起时间的考验。

1. 言行一致是基本要求

你所倡导的理念、价值观，必须先在自己身上得到切实的体现。不管你主张什么，都应该先把你的主张活出来。

前面提到的例子，不管是托尼·罗宾斯、罗伯特·清崎，还是迈克尔·辛格，他们都先活出了自己的主张，并且从中受益，然后把自己的主张传递给更多人。

要做到言行一致，需要你先做到真实。如果你对外展示的内容和形象是真实的，那么做到言行一致对你来说会很轻松，如果你对外展示的形象是为了打造某一种不真实的人设而包装出来的，那么早晚有一天会露馅。

2. 持续输出是关键

如果你的内容更新总是断断续续，就会让受众逐渐失去对你的信任，也难以养成持续关注你的习惯。

想想看，通过自媒体打造个人品牌有多难？其实只要你有一部手机，你就可以注册一个自媒体账号，成为一名"博主"。但是为什么真正能够建立起个人影响力的人却那么少？

答案很简单，因为做自媒体最难的不是"开始做"，而是十年如一日地持续输出。

任何人都能开始做自媒体，但是三年以后，还在更新的人最多只有20%，五年以后，还能保持在场的人只有不到10%。

若你能够坚持五年，你就自动超过了90%的人。但是很可惜，你更有可能是那停下脚步的90%，而不是坚持到底的10%。

3. 找到你的"为什么"

确实，你需要努力保持持续稳定的节奏，持之以恒地为受众提供有价值的内容，而要做到这一点，你需要先找到自己的那个"为什么"——我为什么要做自媒体？

单纯奔着赚钱和时代红利而入局自媒体的人，也会轻易因为其他方向更赚钱、更有红利而离开。他们很难做到长期持续输出，因为底层动力不足。于是他们试图去寻找更贵的服务，去帮他们拍视频、剪视频，又或者去找更强势的老师，寄希望于老师给他们布置作业，督促他们每周更新多少条内容。然而他们会发现，不管怎么做都没用，早晚有一天还是会停止更新。

只有找到自己输出内容、打造个人品牌的那个底层的"为什么"，才能找到长期坚持的动力。这个"为什么"，最好带有利他的属性，而不是单纯为了自己。如果单纯为了自己出名、赚钱，那么你一定会经常感到焦虑，也很难长期坚持。

比如，可能你希望帮助像曾经的你一样"恋爱脑"的人清醒过来；希望启发像你一样有着破碎的原生家庭的人实现自我重建、走出原生家庭的阴影；希望让更多人知道如何合理布局家庭财富，以应对随时可能发生的危机……不管怎样，你要找到比你的小我更大的那个"为什么"，来给"自己为什么要做自媒体"这个问题一个答案。

当你有了这个答案时，你就更容易忽视数据的短期波动，忽视"黑粉"对你的评价，在自媒体的道路上坚持下去，因为你知道，你一直在为他人创造价值。

比如，对我来说，我希望通过创作经得起时间考验的内容，分享有价值的思考，给别人带去启发。我希望做自己热爱的事，活出不设限的理想人生，所以我也希望帮助别人活出他们的理想人生。这就是我创作内容的指南针，方向清晰以后，短期数据好或者不好，对我不会有什么影响，因为我知道我会在"牌桌"上待十年、二十年……

4. 保持专注不要分散精力

在这个充满各种诱惑的时代，要抵制住分散精力的诱惑，专注于你的核心领域。

你可能看到过有的博主既讲话题A，又讲话题B，还讲话题C。他们的课程也是既讲人工智能，又讲写作，还讲家庭教育、夫妻关系。

但是你会发现，那些影响力更大、个人品牌更鲜明的博主，他们往往更聚焦。如果讲家庭教育，他们就由浅入深地做家庭教育相关的产品，满足不同阶段和支付能力的消费者的需求。如果讲写作，他们也是只做写作相关的产品，让自己在写作领域占领一席之地。

前面提到的例子，托尼·罗宾斯、罗伯特·清崎，以及迈克尔·辛格，无一不是专注的代表。你让他们讲领域之外的话题，他们也不是讲不出来，但是他们对外展示的内容，一定是持续聚焦自己的核心领域的，不断巩固自己的个人品牌。

如果别人提到你所在的领域，就能想到你，那你就赢了。

通过内容打造个人品牌，不需要你有文采

在自媒体时代，人人都有机会打造个人品牌。但是刚起步的朋友，常常会陷入误区——要么内容分享得太专业、没有流量，要么认为做自媒体就是要哗众取宠、语不惊人死不休。

我们先不探讨怎样创作爆款文案，我想先说说内容创作的两个底层逻辑，这是创作优质内容的基础。

底层逻辑一：内容要与用户建立联系

在内容创作中，最常见的误区就是"自嗨"。

内容是你的作品，也是你的产品，而任何产品都必须面向用户，在这里就是你的观众和潜在粉丝。

如果还不清楚具体的差别，我举个例子你就理解了。

某美食博主每天分享自己的饮食日记："今天早上喝了星巴克的榛果拿铁，中午在米其林餐厅吃了一份牛排……"这样的内容看似在分享生活，但对用户来说没有任何实际价值。

相比之下，另一位美食博主则会这样分享："发现一家性价比超高的牛排店，198元套餐包含和米其林一星餐厅同等品质的澳洲M5和牛，附近还有免费停车场，最近周三下午茶时段消费还能享受8折优惠……"这样的内容就是在为用户提供实用的消费建议。

如何与用户建立联系？

要与用户建立联系，我们需要像产品经理一样去思考，用户关心什么话题？用户有什么痛点和需求？

首先，着力于提供实际价值，这包括帮助用户解决实际问题，传递有价值的知识。

其次，还可以注重创造情绪价值，让用户在观看内容时能产生共鸣，或者激发他们的某些情绪反应，比如喜、怒、哀、乐。

实际价值 解决实际问题，传递有价值的知识

情绪价值 能产生共鸣，激发情绪反应

举一个具体的例子。学员张老师是某考试机构的负责人，希望吸引潜在客户报名咨询他们机构的考试。最初她的内容创作方式是每天发布考试科目介绍，如《DSST考试报名流程》《AP物理考试简介》，一个月发布了30条内容，平均每条只有200多次播放。

为什么？因为这样的话题是从自己的产品出发的，而不是从客户关心的话题出发的——你的很多潜在客户还不知道DSST考试是什么，也不知道这个考试有什么好处，你发这样的内容，怎么可能吸引到他们呢？

后来她改变策略，从客户关心的话题出发，开始发布像《留学生必备的4大考试，含金量排名+性价比分析》《2024年收入最高的5个国际证书，考试难度排名+备考周期》这样的内容，新内容的平均播放量一下提升到了3000以上。

底层逻辑二：内容中要有个人特色

第二个重要的内容逻辑是，你的内容中必须包含自己的个人特色。很多创作者喜欢单纯蹭热点，比如跟风报道明星新闻或热门事件。这样做的问题在于，用户关注的只是热点本身，而非创作者。即使获得了短期流量，也难以带来优质的粉丝群体。数据显示，纯粹的热点内容可能需要上千次观看才能带来一个粉丝，转化率极低。

举个例子，2022年世界杯期间，我的一个朋友通过剪辑梅西的视频，获得了上百万的播放量，但他仅仅是截取了一段梅西抱着妻子的视频画面，搭配一些简短的文案，最终新增1000多名粉丝，转化率不到0.1%。

正好我也"蹭"了同一个热点，我讲述了梅西的故事，表达了我的强观点，并且亲自出镜，虽然我的视频播放量不到100万，但粉丝增长了一万人，转化率约为1%。

这就是你的内容里有你和没你的巨大差别。

如果你的内容中没有你自己的故事、观点、形象的出现，就很难让人记住你、认同你。

没有个人故事、观点、形象的自媒体内容，对于打造个人IP而言毫无用处。

如何在内容中融入你的个人特色？

你可以加入自己的观点和态度，分享相关的个人经历，或者提供独特的专业解读。如果是通过短视频形式分享，还可以真人出镜分享，让你的个人特色和专业价值得到充分展现。

我们的数据显示，具有鲜明个人特色的内容，每百次观看就可能带来一个粉丝，用户认可度高，更容易建立起持久的粉丝黏性。相比之下，纯热点内容可能需要上千次观看才能带来一个粉丝，而且这些粉丝的忠诚度往往很低。

比如某账号单纯转发刘亦菲的新剧片段，10万次播放只增加了86个粉丝。因为大家看的是刘亦菲，不是你这个账号，所以没必要关注。

相比之下，融入个人经历、观点的内容，账号的粉丝转化率要高得多。

以美妆领域为例，某美妆博主在迪丽热巴同款妆容话题高热期间，发布了《从热巴最新妆容分析东西方审美差异，亚洲女生到底适合什么风格》的视频，不仅分析了妆容，还结合自己多年的化妆师经验，详细讲解了不同脸型适合的妆容重点。这条视频收获了10万次播放并为她带来了2800多个新粉丝。

再举一个珠宝鉴定师的例子。在某女明星佩戴高级珠宝亮相活动时，她没有单纯转发新闻，而是发布了一条《从专业角度解析×××明星佩戴的珠宝配饰，估值过亿的奢华背后还藏着这些门道》视频。她用专业眼光分析了珠宝的等级、工艺特点，甚至指出某些媒体报道中的专业性错误。这条内容不仅获得12万次播放，还为她带来3500多个新粉丝，其中很多都转化成了她鉴定课程的付费学员。

优质的内容创作需要在两个方面取得平衡：一方面要将内容视为产品，确保对用户有实际价值；另一方面要保持鲜明的个人特色，提升内容的稀缺性。

什么样的内容容易出爆款

爆款作品是提升个人品牌影响力非常重要的一环。只要你出过爆款，就会发现，80%以上的粉丝，都是由少数几条爆款视频带来的。也就是说，绝大多数人之所以能够看到你，是因为你的爆款作品，而不是因为你勤奋更新的平庸作品。

所以，在打造个人品牌的道路上，经常有人会问：什么样的内容最容易出爆款？

作为一个经历过多次爆款内容创作的博主，我想用三个真实的案例，来解答这个困扰许多创作者的问题。

2017年，我在转型为数据科学家时，写下了一篇记录转型历程的文章。这篇文章中详细描述了我投递475份简历、面试50家公司、最终得到自己最想要的工作机会的过程。文章发布后，立即被多家媒体争相转载。

为什么一个看似普通的求职故事会获得如此大的关注？因为它不是光鲜的成功故事，而是充满跌宕起伏的奋斗历程。在文章后半部分，我详细分享了面试准备的资料和心得，让这篇文章不仅有情感共鸣，更具实用价值。

第二个例子，我"裸辞"离开硅谷科技公司的时候，写下了《我的工作年入百万美金，但是我辞职了》，文章一经发布就在朋友圈刷屏，随后登上了虎嗅网的首页头条。

文章中，我描述了自己"上班如上坟"的心理状态，分享了做出这个艰难决定的思考过程，以及为未来做出的规划。

在视频领域，我也采用同样的策略收获了不错的反响，比如我通过视频《一个不服输女孩的10年》，讲述了我的成长故事。

这些作品都遵循同样的创作原则，这些原则也就是爆款内容的关键特质。

1. 共鸣：情感的连接

真实的故事最容易引发共鸣。无论是投递475份简历的求职历程，还是年薪百万美元却选择辞职的决定，这些故事之所以能够引爆传播，正是因为它们触及了许多人内心深处的情感。人们在这些故事中看到了自己的影子：对理想工作的追求、对生活意义的思考、对职业倦怠的忧虑。共鸣不是喊口号，而是通过具体细节展现真实的情感历程。

2. 稀缺：独特的视角

爆款内容往往能提供一个独特的视角或者鲜有人愿意分享的经历。比如，很多人会分享成功后的光鲜，但鲜有人愿意暴露求职过程中的艰辛；很多人羡慕硅谷的高薪，但鲜有人剖析高薪背后的困境。正是这种信息的稀缺性，让内容具备了传播价值。

3. 价值：实用的干货

仅有情感共鸣还不够，爆款内容还需要传递实际价值。在求职文章中分享面试准备资料，在辞职故事中分析决策思路，这些实用信息让内容不仅有温度，更有深度。读者在感同身受之余，还能获得可以实践的建议。

如何选择创作主题

知道了爆款内容的特质，接下来的问题是：我们应该写什么？

我的建议是：重视真实性、故事性，追求内容的长期价值。

真实性 ▸ 故事性 ▸ 长期价值

人类历史上，无论在什么文化背景下，那些最被传颂的文学作品都是故事，无一例外。其实，不只文学作品需要讲好故事，日常生活分享、短视频、博客，想要打动人、被传播，你都必须学会讲好故事。

看看全球畅销书榜单就能明白故事的力量。在中国作家版税收入榜上，排名靠前的都是像刘慈欣、余华这样的故事大师。在全球畅销书榜单上，《堂吉诃德》《双城记》《指环王》等经典故事作品长期占据榜首。正如尤瓦尔·赫拉利在《人类简史》中所说，人类之所以能够主宰地球，很大程度上得益于人类创造和相信故事的能力。

所以，在选择创作主题时，建议大家问自己两个问题：

1. 这个内容对他人是否真的有用？

2. 十年后，这个内容是否依然有价值？

长期价值主要来源于两个层面：人性和科学。

在人性的层面，我们可以参考马斯洛需求层次理论。从生理需求到自我实现，这些都是亘古不变的人类需求。再看看各大宗教对人性的洞察，比如佛教的五毒心（贪、嗔、痴、慢、疑）或基督教的七宗罪，都揭示了永恒的人性主题。当我们的内容触及这些永恒的人性需求时，就更容易产生持久的影响力。

比如，好的亲情、友情、爱情故事，永远能够抓住用户的心，今天有人爱看，十年以后人们依然爱看。而如果你只是讲述今天的新闻事件，比如今天某品牌发布的新手机出了什么新功能，那么今天有人看，过两天就会无人问津。同样是花了一天时间辛辛苦苦做的内容，前者的有效期是数十年，后者的有效期只有几天。

在科学层面，无论是自然科学、社会科学，还是思维科学、形式科学，都能为我们提供禁得起时间考验的内容素材，因为科学规律是不变的。但要注意的是，科学内容的呈现不能过于生硬，如果过于专业，那么就会没有流量。看看那些成功的科普作家，比如《半小时漫画中国史》的陈磊，还有曾经获得诺贝尔奖、现代最伟大的理论物理学家之一理查德·费曼，他们都善于用浅显易懂的故事来包装晦涩难懂的专业知识。

专业是流量的敌人

很多专业人士来找我学习自媒体内容创作时，经常提到自己的内容没有流量："明明提供的是干货，但流量不如那些蹭热点的同行，观众怎么就不识货呢？"其实，在内容领域，专业内容本身常常是流量的敌人。越专业的内容，传播的难度越大，而那些浅显、轻松的内容却能迅速扩散。

具备巨大影响力的人，往往懂得如何将专业知识用简单有趣的方式包装成故事，让内容像轻盈的蒲公英种子随风而散，传得更远。故事是人类最强大的文化传播工具，一个人、一个品牌，甚至一个国家的成功，都依赖于讲故事的能力。我们可以将内容传播划分为三个层次：教学、启发和娱乐。

教学 ▶ 启发 ▶ 娱乐

第一层次：教学——通过价值建立观众群体

很多人能在社交媒体上快速建立粉丝基础，就是依靠提供实用干货，比如分享生活、学习、赚钱的经验。比如在小红书上，许多博主通过分享职场经验、读书笔记或个人成长的心得积累了大批粉丝。这里的关键是，提供免费的价值，不急于求回报，然后反复持续这样做。

在内容制作上，曝光度是成功的"滞后指标"，它并不是首要追求的目标。先专注内容创作，流量自然会随之而来，如果在你的商业模式设计里，后端有产品可以销售给这些粉丝，那么变现会是一件顺其自然的事情。

注意，在起步阶段，你的内容不需要精打细磨，也不需要十全十美。最重要的是每天安排一定的时间，开始行动。

第二层次：启发——用真实经历引发共鸣

教学只是开始，要想吸引更广泛的观众，还需要超越教学，带来"启发"。许多领域的受众是有限的，而启发性的内容则能跨越知识和兴趣的界限，带来更大的共鸣。

譬如作家余华的《活着》不仅是讲述苦难的小说，更是对人生意义的深刻探讨。余华以一个家庭的悲剧命运，启发读者对生活、苦难和希望的思考。这种启发性的内容远超一般文学作品的影响，使得更多人接触到他传达的思想。

对学习物理感兴趣的人只有那么多，但理查德·费曼却比任何物理老师都出名，因为他谈论了比物理更宏大的内容。他将从物理学中获得的见解转化成对生活的真知灼见。从严格意义上讲，他的作品属于哲学领域。

创作者可以从自身经历出发，启发观众。启发并不是简单的教育，而是通过个人的成长和经历，使观众产生情感上的共鸣。

第三层次：娱乐——借力轻松内容扩大影响

最广泛的传播层次是娱乐。娱乐内容之所以吸引人，是因为它轻松、有趣，能够迅速触达大众。然而，这一层次最难做到，因为它要求内容既能引人发笑，又能与观众产生情感共鸣。

比如，《奇葩说》将辩论和娱乐结合，用轻松幽默的方式讨论严肃话题。这种节目形式不仅让观众得到娱乐，还能在无形中启发思考。这种寓教于乐的方式，让内容既轻松易懂，又耐人寻味，吸引了广泛的受众。

娱乐并非只是无聊的消遣，而是传播的强大工具。我们不妨思考一下，自己平时花时间最多的是什么？大多数人喜欢看短视频、娱乐节目，虽然嘴上不一定承认，但是行为上会忍不住关注明星八卦，很少有人会整天看严肃的书籍或内容。

这便是"娱乐优先"的现象，在《弱传播》一书中，揭露了娱乐优先现象的本质。舆论传播具备表面性，越是表浅的东西就越容易传播。认识到舆论的表面性，我们就可以理解，为什么一地鸡毛最容易被舆论关注，为什么肤浅的内容比深刻的内容更容易传播，为什么轻松的话题比沉重的思考更容易传播。

尤其在信息快速传播的短视频时代，轻松愉快的内容往往更容易触达大众。

所以，领域专家们千万不要让内容过于专业高深。其实，真正的专业，是能用6岁小孩子能听明白的语言来分享知识。在讲授知识、分享经验时，尝试加入趣味元素，能大大提高传播效果。例如，在讲解商业知识时可以引用国内知名企业的轶闻趣事，或是借用知名人物的奋斗经历，以吸引观众的兴趣。

粉丝量是虚荣指标，私域才是你的资产

你是否也在多个平台上关注了许多博主，但关注之后就再也没互动过？

你的关注列表中是不是有成百上千人，但你或许已经忘记他们是谁，也很少再刷到他们的内容？

对这些博主来说，虽然你关注着他们，但是你为他们带来的价值非常有限，也不会为他们的产品付费。其实，这种无效粉丝的增长是许多自媒体人需要警醒的问题。

粉丝数量vs粉丝质量

刚开始做自媒体时，我们会为一条内容涨粉效果好而激动不已。然而，粉丝数量只是虚荣指标，不能为我们带来真正的商业价值。很多人设立的目标是粉丝量达到某个数字，但实际上，数字并不等同于真正的影响力，更不等于商业转化。我们应该追求的不是简单的"粉丝数"，而是可持续的"自媒体资产"。

什么是自媒体资产

简单来说，自媒体资产是我们通过创造内容在自媒体平台积累的、能够长期带来影响力和商业价值的资源。要将粉丝数字转化为资产，先要理解流量的两种来源——公域流量和私域流量。

公域流量包括在各大平台上关注我们的人，如抖音、微信视频号、小红书等。

私域流量则是我们可以反复触达的用户，比如邮箱订阅者、微信联系人等。通过将公域粉丝转化为私域流量，我们才能沉淀真正的价值用户，并通过持续运营，将"粉丝"逐步转化为"付费客户"。

要想真正构建自媒体商业，就必须重视私域经营状况，而非只关注表面上的粉丝量。

为什么私域重要

1. 互联网流量价格只会越来越贵

当越来越多的人入局自媒体，当平台纷纷进入成熟期，未来，流量洼地将会越来越少，付费买量的价格将会越来越高。这是一个必然的趋势。

2. 通过内容获取流量具有不确定性

在抖音、视频号、小红书等平台，通过输出优质的内容来获得流量，是一种每个人都应该掌握的低成本获客方式。

内容的获客杠杆极高。很多个人IP主导的小团队，可能只有几个人，但是可以做到每月数百万元的营收。

不过这个模式也不是没有弊端。

第一，创始人与内容生产的深度绑定。一般在这样的团队中，创始人就是内容能力最强的人，CEO就是首席内容官，内容驱动所有。而创始人也无法把内容从自己身上完全剥离，交给别人来做。持续做内容，是一件耗时耗力的事情。而创始人也有需要休息的时候、生病的时候、情绪不好的时候，一旦出现这类情况，流量获取就会停滞。

第二，竞争日益加剧。随着内容创业者的增多，内容的竞争还会不断加剧，因为现在的内容分发方式越来越"不可预测"。站在平台的角度，从微信公众号到视频号的变迁，就是一次平台流量分配底层逻辑的变化。

在抖音、小红书这类公域流量占主导的平台，粉丝数量多，只代表过去流量强。而如果新发布的内容不好，一个100万名粉丝的账号，和一个1万名粉丝的账号，互动数据差不了多少。

新的平台永远在"打破阶层"，"去中心化"永远让内容生产者"必须产出高质量作品"才能拥有流量。这对平台来说是一件极好的事情，但对内容生产者而言，内容的流量变得不可预测。

而且，平台的算法是一个"黑盒"。比如，平台想推电商带货短视频的时候，符合平台趋势的内容就更容易有好的数据。你没有主导权，只能适应平台的变化。如果继续走你的老路，就有可能出现流量下滑的情况。

这种不可预测性，也让算法驱动的平台牢牢地掌握了流量分配权。如果你不能把平台给你的"流量"变成属于你自己的"留量"，那么你其实相当于被平台控制，在为平台打工。

尽管存在明显的弊端，但通过内容获取流量依然是目前最适合超级个体和小而美创业团队的增长模式。建议所有的内容团队，在努力做好内容的同时，也要重视私域。

怎么重视并经营好私域

以下5个关键步骤，供你参考。

1. 注重引导粉丝加微信

私域流量的建立，第一步就是将用户"拉"进来。对创作者和品牌来说，让粉丝加微信是一项必不可少的操作。在每次发布内容、推出活动，甚至是开展直播时，主动提醒粉丝加微信可以为后续沟通打开渠道。例如，可以在内容尾部附上一句话："想获得更多专属福利？添加微信，获得一手资讯。"还可以通过设置福利或赠品来引导更多粉丝加好友。

在粉丝愿意添加微信的前提下，不仅可以进一步沟通，也为后续的私域运营奠定了基础。加微信的过程看似简单，却需要我们花时间精细化设计。例如，我们可以设置自动回复或欢迎消息，通过简单的介绍让粉丝感到亲切并增添互动感。

2. 加微信时给用户贴标签，分层管理

当粉丝加了微信后，标签和分层管理就显得尤为重要。粉丝的类型和需求多种多样，只有通过合理的分层管理，才能做到有的放矢地进行触达和内容推荐。具体而言，可以根据用户渠道来源、消费记录、活跃度等维度为用户贴上标签。这一过程不仅有助于对用户进行精准定位，也方便后期针对不同的用户层级提供不同的价值。

例如，对于经常点赞互动的用户，可以贴上"高活跃"标签，而对有购买记录的用户贴上"付费用户"标签。标签化管理能够使我们在推送信息时更加有针对性，为高价值用户推送更多定制化服务和专属活动，而对潜在用户则可以通过一些小福利来增强他们的参与度和认同感。

3. 朋友圈持续输出优质内容

朋友圈作为私域运营的重要触点，是加强用户黏性、展示个人或品牌价值的窗口。持续输出优质内容可以让用户在浏览中保持关注，并逐渐产生信任感和归属感。

朋友圈内容的类型应该是多样化的。比如生活中的小确幸、行业见解、干货知识、用户反馈等。通过真实、有价值的内容，可以逐渐让用户觉得你是一个值得关注的内容源。此外，点赞、评论留言等互动形式，也能拉近彼此的距离，让粉丝在细水长流的内容中产生情感连接。

4. 建立粉丝群增加触达

除了朋友圈，粉丝群是另一条提升私域活跃度的有效途径。通过微信群、QQ群等工具，将兴趣相投的用户聚集在一起，可以形成稳定的社群氛围。这样的社群不但能提高品牌的曝光和活跃度，还能为用户之间的互动提供场所，进一步增强他们的归属感。

在建立粉丝群的过程中，不仅需要保证人数的积累，更要重视群内的内容质量和互动频率。可以组织一些固定的活动或内容分享，比如定期的干货分享、答疑解惑、产品体验等，保持群的活跃度。此外，群内的互动氛围也需要关注，管理员可以不时引导话题，让粉丝之间也能自由互动，避免单纯的信息推送模式。这样可以让粉丝群成为一个开放、有价值的社交空间。

5. 精细化运营，提供高价值体验

当我们举办大型活动或推出重要产品时，精细化运营变得尤为重要。此时，一对一的私聊是一种提升用户体验、增强黏性的绝佳方式。与粉丝直接沟通不仅能传达活动信息，还能增加个性化的体验，让他们感受到被特别关心的尊重感。尤其是对那些已经建立初步信任的老客户，通过一对一的沟通方式，可以更容易地增加复购意愿和用户忠诚度。

在私聊时，可以针对每位用户的需求推荐最合适的产品和活动。例如，可以为潜在用户提供独家折扣，或为已有消费记录的用户推荐升级产品。与他们的每次对话都应该是一种"价值输出"，而非单纯的推广行为。高价值的对话体验能让粉丝感受到专属服务和特别关注，真正把粉丝关系从"流量"转化为"留量"。

在私域的经营中，最重要的是建立长期的关系和价值链，而非简单的销售或流量变现。通过从引导用户加微信、进行分层管理，到朋友圈内容的持续输出、粉丝群的建立，以及大活动中的一对一私聊精细化运营，我们可以逐步构建一套完整的私域运营体系。

私域的运营不仅能够帮助品牌与用户建立深厚的情感连接，也让品牌能够在日益激烈的流量竞争中拥有一条独特的生命线。这条生命线不依赖平台流量的变动，而是依赖真实的人际关系，最终实现从短期营销到长期价值的转变。

第5章

打造产品：打造客户需要的产品，告别"用爱发电"

我的超级个体商业模式迭代路径

在决定"裸辞"走上自媒体创业道路的时候，我的粉丝数量是2万，变现金额为0，没有任何产品。

"裸辞"以后，我开始探索商业变现的不同方式，努力告别"用爱发电"。在这个过程中，我尝试过不同的变现路径，做过不同的产品，踩过不少坑，也因为前辈的帮助指导而少走过弯路。

接下来，我将详细拆解我的商业变现路径。如果你也在思考如何搭建产品，那么一定要认真阅读。

深度链接

风口起飞

持续迭代升级

内部孵化

研发属于自己的产品

不断走弯路的起步阶段

第一阶段：不断走弯路的起步阶段

在这个阶段，我推出了年度社群和商业访谈两个产品。

我一开始做的年度社群，依托于一个叫作知识星球的工具，用户支付年费后，可以在里面获取专属的会员分享。

之所以做这个产品，是因为"裸辞"之前我已经在做免费社群，包括创业者社群和读书社群等等。通过运营免费社群，我感到免费不是长久之计，运营人员会缺乏运营动力，于是，我打算做一个付费社群。

一开始做付费社群，我是忐忑的，不确定自己能否给客户提供付费金额对应的价值。所以我在定价上参考了当时市面上比较火的其他付费社群的收费标准，这些社群往往由自媒体大V和他们的团队运营。

大多数人在知识星球上做社群，定价在100～365元之间，服务用户一整年。所以我的定价在一开始就是199元一年，后来逐渐阶梯式涨价，直到499元。

与此同时，我利用硅谷的人脉资源，开始做创业者的商业访谈。之所以做访谈是因为我身边有很多创业的朋友，我希望向他们取经，以他们为榜样。最初我访谈的都是朋友，随着粉丝量的增长，一些创业公司开始主动找我，希望通过访谈的形式推广他们的业务。

然而，在这个阶段我踩了不少坑。

一开始我设想，这种低客单价的年度社群能够帮助我比较轻松地获得理想营收。因为我算了一下，那些自媒体大V，就是通过做365元一年的知识星球社群，实现了每年收入几百万元。

然而我高估了自己的影响力。现实是，在粉丝不多的情况下，低价产品根本无法带来足够的收益。你很有可能只招募到几十个、几百个会员。而且这种产品要求你为付费用户长期创作专属内容，这些"会员专属"内容，是不能发布到自己的公开内容里的，不然谁还为你付费呢？

于是，你一方面影响力不足，需要通过输出内容来放大影响力，另一方面又需要为少量付费用户生产专属内容，你会十分纠结——这个内容到底是用来服务付费用户呢，还是用来放大我的影响力呢？

最后，咱们一起算一笔账——收费365元服务100人，你相当于用36 500元的年薪给100位用户干活。或者乐观点，你的影响力使得你足以招募300人，那么365元服务300人，相当于拿109 500元的年薪为300位用户打工一年。而同样服务300人，换做用其他产品来为用户提供价值，你的营收可能是30万元、100万元，甚至更多。

第二个坑在于商业访谈的模式，这个模式是不是听起来还不错？你可能会说：“那个谁谁谁就是做商业访谈的，也赚了不少钱。”

但在实际操作过程中，99%的人难以通过商业访谈赚钱，特别是在自媒体起步阶段，更难以获得预期的回报。因为商业访谈和接商业广告一样，都是靠影响力赚钱的生意——同样付出一份劳动，有100万粉丝的人能够赚10万元，你有5万粉丝你就只能赚5000元。

当时我为商业访谈估算了一下我们的运营成本和对方获得的流量曝光收益，从彩排、问题准备、直播访谈到后期整理文稿并在各大内容平台上发布，一共需要花费我们10小时左右的时间，直播和文章曝光量大约在6000到上万次，最终定价6000元，但是和我洽谈的个别企业还是会认为我的影响力不够高，和我周旋几个星期，希望砍价到2000元。

为了赚2000块钱，辛苦10个小时，还要受冤枉气，这活谁爱干谁干吧！

我意识到，没有足够大的影响力，做影响力生意是走不通的。商业访谈变现不适合现阶段刚起步的我，低客单价年度社群也无法支撑现阶段的我靠自媒体创业谋生，我需要做属于自己的更高客单价的产品，牢牢掌握产品的定价权。

第二阶段：研发属于自己的课程类产品

在经历了早期的试错和反思之后，我决定开发属于自己的产品，于是"斥巨资"向行业内我感到比较同频、比我更早拿到结果的老师学习经验，由此顺利进入月入六位数的阶段。

在这个过程中，向有结果的人学习从而少走弯路，同时找到自身优势和市场需求的结合点，都至关重要。

我推出的第一个产品是**内容力变现营，也是我们不断迭代、运营了十几期的王牌课程。**

之所以会有这个产品，是我看到当我的自媒体做得越来越好的时候，开始有朋友向我请教自媒体怎么做，于是我先推出了自己的一对一咨询产品，收费499元，可以向我咨询一小时。通过和用户的互动，我收集到两点关键信息：

- 市场需求真实存在。

- 我具备满足用户需求的能力。

于是，我顺势推出了内容力变现营，这是一个为期28天的线上课程，指导大家创作内容，建立自己的个人品牌。课程定价从低到高，最终稳定在3000～4000元之间。因为这门课确实解决了大家关于内容创作的痛点，所以逐步积累了大量学员案例，我也从这门课的学员里，逐渐组建起一支课程运营团队。

在运营内容力变现营的过程中我们发现，许多学员虽然学会了如何写文案，但在短视频的表现力上仍然不足，比如不敢出镜录制短视频，或者出镜录制短视频无比僵硬，缺乏情绪和感染力。

随着短视频时代的到来，能否在镜头前自如表达，成为建立个人品牌的关键。观察到学员的需求后，我们又推出了短视频表达力突破营，帮助学员提升镜头前的自信和表现力。

这两个产品之间是递进关系——先通过内容力变现营吸引学员，再让部分学员进入短视频表达力突破营进行更深层次的学习。这个模式帮助我逐步稳定了收入，并在运营过程中积累了宝贵的经验。

但随着运营的深入，我又发现了一些问题。

由于两个课程是递进关系，大多数人都会学习内容力变现营，但是不一定会报名短视频表达力突破营，而我们当时是一个月开一门课，下个月开另一门课，于是招生数量很不稳定。

另外，两门课都是28天的训练营，课程强度大、作业多，两门课学完，两个月的时间已经过去了。大多数学员在上了一个月的课程后会感到疲惫，热情逐渐消退，这样的课程设置并不利于帮助学员拿到结果。

同时，在课程结束后，我设置了更高端的私教陪跑服务，针对那些需要更深度的一对一辅导的客户，提供三个月一对一的定制化支持。

第三阶段：持续迭代升级

在意识到内容力变现营和短视频表达力突破营两门课并行存在的问题后，我们又对产品进行了调整升级。

内容力变现营2.0：精简知识，增加陪跑

在这个阶段，我们将内容力变现营和短视频表达力突破营的课程内容进行了精简提炼，把56天的课，改版成28天的课，只讲对学员拿到结果最有帮助的知识，不再让学员在理论学习上花费过多时间。

在课程上完之后，我们提供两个月的陪跑服务，让学员在实战中创作内容、获得反馈，真正提升自己的能力。这个90天的全新体系，帮助学员更加高效地掌握知识、行动起来，帮助更多学员做出爆款、开启变现，同时也让我们的营收得到了进一步的提升。

第四阶段：风口起飞

2023年初，正值AI创作工具迅速崛起。我身处硅谷，之前又在科技公司工作，对AI工具非常熟悉，所以迅速推出了"AI创作入门课"。在AI风口和我自身的硅谷标签的助力下，"AI创作入门课"一经推出就受到了大家的热烈欢迎，帮助我迅速实现了月入7位数的飞跃。

但问题也随之而来，学习AI创作的市场需求虽然巨大，但它的热度是短暂的，大家因为对AI的害怕、恐惧、兴奋而激情下单，但是在未来，使用AI会和使用百度一样寻常和普遍。我意识到，AI入门培训的风口，不出一两年就会渐渐消逝，靠AI培训赚钱，不是长久之计。

同时，随着每天连续直播、每次直播几小时、在直播间重复同样的话术，半年以后，我逐渐感到疲惫，开始怀疑自己工作的意义。尽管只要开播就能赚钱，但是我发现自己变成了一个工具

人，做的不再是我热爱的事，而是单纯为了赚钱在做事，于是每天"上播如上坟"。

我意识到自己偏离了当初"裸辞"创业的初衷，决定停下来重新思考方向。

第五阶段：内部孵化

随着课程体系的成熟，团队逐渐成形，从最初的志愿者运营，到后来搭建起比较稳定的兼职团队，我们也开始从团队内部孵化产品。

比如，团队里的剪辑师曾是在韩国学习电影导演专业的同学，剪辑技术非常出色，有不少大博主来联系我，希望可以找他帮忙剪辑。我们意识到，仅靠他一个人是无法服务这么多博主的。于是，我跟他联合推出了"视频剪辑变现营"，培训更多剪辑师，帮助更多人掌握剪辑技能，满足市场需求。

这样下来，我们也逐渐完善了产品体系，从内容创作到视频剪辑，我们都有非常强大的团队，可以全方位指导、服务客户。

第六阶段：深度链接

在我意识到自己并不想成为直播卖课的工具人之后，我开始寻找更适合自己的产品路线。

我意识到，通过我的内容输出吸引来的人，是非常优质、国际化、高能量的伙伴，如果和他们缺少真实链接，无论对他们还是对我来说，都是损失。

我希望链接世界上优秀的人，与优秀的人为伍，同时我也希望用自己的影响力和流量来赋能优秀的人，托举他们被更多人看见，共创更大的价值。

而真正的价值，并不是通过重复的吆喝销售获得短期收益能够实现的，一定是通过人与人之间的深度链接实现的。

因此，我们决定下架AI创作入门课，转而专注于打造一个和少数同频伙伴长期互动和深度交流的高质量社群，也就是勇士合伙人。

勇士合伙人的愿景是，帮助更多小而美创业者，不内耗、有方法地走好自媒体创业道路。

我就是一个借助自媒体实现小而美创业的创业者，我比大家早走几步，能够在方法上指导大家，同时我是一个没有内耗的人，靠近我的学员们都反馈我是"卡点破壁机"，靠近我就能量满满、行动力十足。所以，我想用这些特质影响和帮助到勇士合伙人社区的伙伴们。

勇士合伙人不再仅仅是课程，而是有申请审核流程的圈子，只有价值观同频、而且我们确实能够助力到的伙伴才会通过审核。在勇士合伙人社区，大家彼此之间会有更多的互动交流，而深度的互动交流自然能够促进合作，共同创造更大的价值。

比如，勇士合伙人每周都有内部私董会，目的是集众人所长，帮助一位案主解决他的一个重要不紧急的问题。每个月在不同地区也会有线下活动，组织当地的勇士合伙人深度交流。就在这样高频率的深度交流中，大家会自然而然地发现他人身上的闪光点，比如，有的人特别擅长洞察心理，有的人特别擅长提供商业建议，有的人特别擅长销售……就这样，一边参与活动、助力他人，一边帮助自己发现自身优势，找到事业伙伴。

从一开始的知识星球和商业访谈的踩坑尝试，到开发属于自己的高价值产品体系，再到通过团队的力量实现规模化运营和产品孵化，我逐步走上了稳定年入七位数的小而美创业之路。

对于每一个想要创业或自媒体变现的人来说，关键不在于你有多少粉丝，而是你是否能找到适合自己的产品模式，是否能够提供真正的价值，并在市场需求和个人能力之间找到平衡。

同时，在发展过程中，始终要保持对趋势的敏锐感知，对用户需求的犀利洞察，持续优化迭代自己的产品，为用户创造更大的价值。

以上是我的产品迭代之路，我知道不是每个人都要走知识付费路线。你可能有自己的实物类产品，比如卖服装、卖松茸，那么我关于产品迭代的分享不一定适合你，但是如果你也需要开发虚拟的知识服务类产品，那么接下来两章关于产品打造思路的分享，会对你非常有帮助。

最适合起步阶段的商业模式

看完我的商业路径，你可能会好奇："为什么你不去带货？罗永浩通过直播带货赚了好多钱！""为什么你不去接广告？某博主一条广告都能赚几十万元！"

如果你本身做的是实体业务，比如家里有家具厂、服装店，那么选择电商带货天经地义，因为你的目标就是通过自媒体卖自己的产品。但是如果你没有实体业务，在考虑多个变现方式，那么听我来细细给你分析，为什么最适合起步阶段的商业模式，是知识付费。

通常来说，借助自媒体来发展小而美商业，有三种变现方式：

1. 知识付费
2. 电商带货
3. 广告商单

这三种方式中，一个人或者一个小而美团队，往往聚焦其中一种方式。比如，提到李佳琦你就会想到电商带货，提到罗振宇你就会想到知识付费，而像李蠕蠕这样的千万粉丝博主，光靠视频里插入的广告片段，就能通过一条视频获得高昂的回报。当一个人能在一个领域做到顶尖、做到极致，那么就能获得卓越的收益。

如果一个人或者一个小而美团队的业务涉及多种变现方式，由于IP本人和团队的精力、资源有限，也往往会以一种变现方式为主，其他方式为辅。比如：

1. 主要做知识付费，偶尔接接广告商单：我偶尔会接合适的商单，但是对我来说，广告商单收入几乎可以忽略不计。
2. 主要靠广告商单，以知识付费作为辅助：适合流量巨大的知识类型博主。
3. 主要做知识付费，偶尔做电商带货：比如一些针对女性、宝妈群体的博主，既通过课程传授知识，也偶尔根据粉丝需求推荐他们需要的产品。

在以上几种单一变现方式和多种变现方式的组合里，最适合没有实体产品的一个人或者小团队快速起步的，有且仅有知识付费。原因有几个。

1. 不需要依靠大流量，就能赚到钱。

电商带货和广告商单，是流量大的博主玩的游戏。大多数人带的货，都是在其他平台上也可以搜到的标品，没有稀缺性，打开淘宝、拼多多随手就能比价。没有几十上百万的粉丝，你难以和商家谈到一个好的价格机制，也很难一打开直播就吸引几百几千人在你的直播间里激情下单。罗永浩通过直播还债，俞敏洪通过东方甄选帮助新东方翻身，那是因为他们自带IP光环、自带流量。

而大多数人没有流量、没有IP，打开直播，像开线下实体店一样，一两个小时过去，店铺里就那么几个人，还都是自己的亲戚朋友，偶尔有观众买了100元的产品，开心不已，到手带货佣金20%，你一算账，直播两小时，赚了20元。

而为知识付费产品招生，不需要大流量就能完成。我们有不少学员，仅是通过社群互动、帮助他人解决问题，就能在一个社群招到10来位千元课程学员。如果有一定粉丝量，那么结果会更好，因为招生会更加容易。但是这个粉丝量很可能无法让你通过做电商直播赚到同等收入。

2. 自己掌握主动权，不用看天吃饭。

如果接广告商单，品牌方和媒介是你的甲方，甲方面对着电子表格里成百上千博主备选项，最终选不选你，不由你说了算。甲方选择你，你就能赚到钱，甲方选择其他博主，你这个月可能就没有收入。

而做知识付费产品，你对结果有着更强的控制。你掌握课程怎么设计、定价多少、什么时候开班，只要你能通过私域和公域招到学生，就能有收入，你愿意多做事，就能有更多的收入。

3. 自己掌握定价权，不用被甲方压价。

如果接广告商单，你的价格是相对透明的，甲方可以在成百上千相似的博主备选项里选择价格便宜、返点给得多的博主。看起来，你可以给自己的广告商单定价，但是定高了就接不到商单，定低了你又不想辛苦半天赚那么少的钱。

最后，粉丝10万的你，辛苦10天完成一个报价1万元的商单，扣掉20%返点，你实际到手8000元。你一算账，还不如用这10天时间卖自己那3000元/人的课——有10万粉丝，怎么说你也能通过朋友圈、短视频、直播卖出至少10份课程产品了，也就是你能有至少3万元的营收。但是你能给自己的广告商单报价3万元吗？你不能，因为甲方会觉得你太贵，然后转身选择其他博主。

所以，你明白为什么我建议起步阶段做知识付费业务了吗？

如果你希望你的自媒体商业可以尽早开始变现，那么知识付费是你最容易起步的方式，也是你有最大控制权的方式。你只需要用自己的知识、经验、技能、时间去满足客户需求，就能赚到钱。

当你通过知识付费积累了第一桶金，此时你有了更大的影响力、更多的选择权，如果你愿意，就可以从容转向其他变现方式。

如何找到用户需求，快速推出第一代产品

你有没有过这样的经历：花了几个月时间埋头苦干，好不容易做出一个产品，自认为是"完美的创业想法"，结果上市后却无人问津。

就像我认识的一位朋友，他觉得大家都渴望更高效地利用时间，要是自己能做一套时间管理课程，肯定不愁销路。于是，他埋头苦干了整整一个月，精心录制了30节视频课程，心里憧憬着课程上线后会有多么火爆。可现实却无比残酷，等他好不容易把课程推出去，费尽心思去销售，最后却只卖出去不到10份，连录课花费的时间成本都没赚回来。

他怎么也想不明白，不是应该很多人都想学时间管理吗？怎么就没人买课呢？

其实，生活中像他这样的人不少，要么是怀揣着自认为绝佳的想法，却藏着掖着，非要等做出完美的产品以后再去推广；要么就根本不知道别人需要自己身上的什么价值、自己应该做什么产品，在错误的方向上努力。

你是不是也正处在这样的迷茫或者困境之中呢？别担心，下面我就来和大家好好聊聊，如何找到用户需求，快速推出第一代产品，让你的好想法真正落地生金。

我的第一个建议是，你可以帮助那些比你晚几步开始的人。

我从2022年开始从事自媒体创业，取得了小小的成绩，也走了一些弯路。虽然我不是起步最早的，也不是粉丝量最大的，但我仍然可以为很多人提供帮助，帮助那些比我晚几步开始的人。

我们可以将任何一项技能分为从0到10的10个等级，其中10代表专家，0代表小白，如果你在某个领域处于3或4级，那么你就可以帮助那些处于0、1和2级的人。

你可能会担心，我的水平不到10，比我专业的人多了去了，哪里轮得到我？其实，那些已经达到10级的专家，反而难以帮助这些0、1和2级的人，因为很多小白需要的信息，对于专家来说过于基础，已经是信手拈来的肌肉记忆，他们并不容易体会小白的痛点是什么，以及怎么提炼出方法论来帮助他们。

所以，我们的劣势反而可能是我们的优势，你不需要把自己与最专业的人比较。

每个人都可以帮助比自己晚几步的人，最重要的是不要停留在原地，一旦找到一个大致的方向，就可以行动起来。

你可以发朋友圈，在自媒体平台发布内容，在社群里和其他人交流，分享自己的经验和想法，吸引对相同话题感兴趣的人和你取得联系。你还可以组织分享会、做直播，让更多人了解你的能力和价值。

通过社群内部或者自媒体平台上的分享，你可以挖掘到用户的真实需求，找到自己最被人需要的价值是什么，以及客户需要什么样的产品和服务。

除了不知道自己能做什么事情，还有一个常见的问题——"我有一个特别好的主意，我的客户肯定会特别喜欢这个主意，但是我这个主意太好了。所以我现在不能让别人知道我这绝妙的主意，我要把产品做出来再去推广。"

比如，前面提到的做时间管理课程的那位朋友的例子。

我的建议是：切忌憋大招。

不管我们打造什么产品服务，要在公众视野下去打磨，你的整个产品研发过程都可以分享出来。想法本身并不值钱，真正有价值的是行动和执行力。否则，这个世界上就不会有那么多有才华的穷人了。

很多人都有想法，但真正能够实现这些想法的人却很少。即使是同样一个想法，真正落地执行以后，因为人们执行力的差别，做出来的效果也会千差万别。

所以，不需要过于看重自己的想法。从有想法开始，就可以与市场互动，了解用户的真实需求，在公众的视野下打磨产品。

这里可以参考我们学员的做法。我们的留学咨询顾问学员，希望帮助用户设计留学规划方案；心理咨询师学员，想开发标准化交付的课程产品；人生教练学员，希望找访谈志愿者测试自己的教练服务。

他们的做法都是，在学员社群里，阐述自己要做什么事情，以及要帮助哪些人解决什么问题，然后通过社群招募到第一批学员。即使一开始只招募到几个人或几十个人，也能帮助他们快速验证关于产品的想法是否可行，以及哪些方面需要优化和迭代。

如果没有社群，你也可以在朋友圈或自媒体账号上发布征集用户调研和反馈的信息，与用户直接交流，以快速验证有关产品的想法是否可行。

不要等到埋头把产品做好之后再去四处找用户，否则就像我那录制了30节时间管理视频课的朋友一样，产品做出来后发现不被用户需要，连成本都无法覆盖。

不断优化你的产品，快速帮客户拿结果

把你的想法尽早拿出来与市场互动，然后不断迭代的这种思路，被称为**精益创业**。

精益创业的核心理念很简单：不要等到产品完美再发布，而是尽快推出一个**最小可行产品（MVP，Minimum Viable Product）**，通过市场反馈快速验证需求。

这让我想起Airbnb的故事。起初，布莱恩·切斯基（Brian Chesky）和乔·杰比亚（Joe Gebbia）只是为了赚取一些额外收入，把家里的闲置房间租给参加设计大会的人。没有豪华的功能，没有复杂的平台设计，只是简单的一间房、一张床，但这个简单的尝试却验证了"短租共享经济"的需求。后来当他们有了第一版网站时，早期的Airbnb网站，甚至连收钱的功能都没有。

正是从简陋得不能再简陋的条件开始，他们一步步发展为今天的短租巨头。

做什么产品

"我想开发一门课程，如何知道这门课程好不好卖？"——这是我们的学员经常问到的问题。

问"如何知道一门课程好不好卖"，和问"如何知道我开发的软件有没有人买""如何知道我的商品有没有人要"是一个道理。

它们的本质，都是要**验证一个创业想法是否有和产品相匹配的市场规模。**

怎么验证呢？我们可以从以下**两个步骤**来考虑。

一、回答三个问题：

a. Why this：为什么做？

b. Why now：为什么现在做？

c. Why you：为什么轮到你来做？

二、开发MVP，测试市场需求。

任何一个创业的想法要成功，都必须满足两个假设，即：

- 能给客户带来价值

- 客户能够不断增长

正是为了验证这两个假设，才有了Why this, Why now, Why you这三个问题。

我们逐个来看一下每个问题。

1. 为什么做这个产品？

也就是说，这门课为什么值得做？

它解决了哪个人群的什么痛点？

这个人群有多大？未来会越来越大，还是越来越小？

这个痛点是真实存在的吗？用户真的觉得很痛，还是我们想象它很痛？

解决这个问题贵吗？人们愿意花高价来解决它吗？

2. 为什么现在做这个产品？

为什么现在是个好时机呢？为什么不是早几年、晚几年？

要回答这个问题，需要看你所在领域的发展阶段。

如果你的产品领域是成熟领域、夕阳领域，那么现在就不会是好时机，如果你仍旧开发了，那么未来大概率会走下坡路。

如果你的产品有着明显的周期性，而且现在处于周期的下行阶段，那么现在也不会是好时机。

比如，在经济预期悲观的大环境下教人炒股理财。

那么**什么是好的时机呢？**

总结下来就是：

- **该领域尚未成熟，处于发展期，还有红利。**
- **该领域处于周期的上行阶段，正在增长。**

一句话总结，就是小米创始人雷军常说的——**"顺势而为"**。

3. 为什么应该由你来做这个产品？

年年有机会，年年风口各不同，凭什么轮到你？

你擅长这个领域吗？你有什么资质和能力，比别人更出众？

你喜欢这个领域吗？你对它充满热情吗？

你在什么事情上取得了瞩目的成绩？

你比别人掌握更多信息和资源吗？

怎么设计MVP、快速试错

成本最低的方式，就是靠常识。你根本不需要动手，靠常识或者收集同行的经验，就可以直接判断很多事情。

稍微贵一些的是调研，你只需要花一些时间，不需要开始研发产品，也可以判断很多事情。

最后，对于实在判断不了的，就只能自己验证了，成本就会高很多。这个时候，也有很多的验证技巧。

比如，在打造产品的阶段，采用MVP的方式，即投入最少的资源，建造一个刚刚能够体现核心价值的产品，并立刻将其投入市场。

客户需求只有在实际使用中才能辨明，再多的前期调研也只能发现"客户认为他们想要什么"，而不是"客户真正想要什么"。

因此，在不了解客户真实需求的情况下，很可能是做得越多，错得越多。

很多人的想法是，等到把产品完整开发出来，再开始介绍给客户，这种做法很不可取。特别是在你没有粉丝基础的时候，更是危险。

正确的方式是什么呢？

举一个例子，在美国的网盘公司Dropbox刚创立时，创始人想要实现的功能有技术门槛，也需要耗费较长的时间。因此，在创业初期，Dropbox很难验证市场需求。于是，Dropbox的创始人德鲁·休斯顿（Drew Houston）做了一个3分钟的演示视频，在视频中详细描述了Dropbox的功能特点。

这段视频发布后，让预订使用该产品的用户一夜之间飙升至75000人，帮助创始人完美验证了市场对产品理念的接受程度。

对于开发知识付费课程也是一样的道理，你不需要花几个星期

写好课稿、录好课程，才开始销售。

有**两种方法**可以帮助你在真正开发课程之前就验证市场需求。

第一种方法，设计课程海报，并通过朋友圈、社群、公众号、视频号来销售。看看市场对你的产品有没有需求，有多大的需求。

比如，我的内容力变现营，在2022年8月第一期开班之前，我只知道这门课可做，但是我不知道会有多少人愿意买单。

所以，我的测试方法是先做出课程海报，然后在朋友圈、社群、视频号直播间里测试销售。

结果，前30个名额在几天内售出。此时我也就能大概知道，这门课程的市场需求是能支撑我开课的。

第二种方法，如果在开发产品前，你做过大量的客户咨询，那么**通过大量的客户咨询，你一定会发现客户的共性问题**。

客户的共性问题就是大量客户共同的痛点。如果你能够解决这些客户痛点，并开发出标准化的知识付费课程产品，那么你的产品不愁没有市场。

我的一位做天赋优势咨询的学员，早期开发产品的时候，没有做PPT，也没有录课，只是在我们的学员社群里提供咨询福利，客户只需要给她发一个随喜红包。

通过服务数十位不同背景的客户，她收集到用户对于服务的反馈，包括用户认为服务有哪些优缺点，解决了什么问题，什么问题还没有解决，以及在用户的心目中，她的服务应该如何定价。

一开始，她提供的天赋咨询服务一次长达2小时，覆盖多种测试工具，非常有深度。根据早期用户的反馈，她把自己的服务拆分为几款不同的产品，她还逐渐明确了她要服务的客户人群，以及产品应该如何定价。

早期客户的反馈帮助她明确了产品定位，她的小而美创业之路也就少走了很多弯路。

"拥抱不确定性
勇敢行动
想法不值钱
执行才是关键
现在就去行动"

问过去发生的事情，
而非对未来的猜测。

快速行动，边做边学，
通过市场反馈验证产品。

如何快速推出产品

那么该如何快速推出产品呢？

1. 找到目标用户的核心需求

想想谁会是你的目标用户？他们有哪些急需解决的问题？比如，如果你是一名心理咨询师，可以从帮助焦虑的上班族入手；如果你是时间管理达人，可以从身边总是拖延的朋友开始。

2. 推出MVP并获取反馈

MVP并不需要复杂或昂贵。它可以是一个简单的电子书、一节试讲的课程，甚至是一个短视频教程。通过这些方式，你可以快速与用户互动，了解他们的真实感受。

3. 持续迭代和优化

反馈是宝贵的资源。根据用户的意见改进产品，比如增加功能、优化体验，或者干脆转型调整方向。不要害怕失败，失败是迭代的起点，而不是终点。

拥抱不确定性，勇敢行动

创业的本质，就是充满不确定性。而精益创业告诉我们，拥抱不确定性最好的方式，就是快速行动，边做边学，边学边改。

正如亚马逊创始人贝佐斯所说："**如果你等到一切都准备好了，那说明你已经等得太久了。**"

无论你的创意多么平凡，只有行动才能把它变成独特的价值。推出你的MVP，与用户互动，不断调整，你会发现，通往成功的路，比你想象的要短得多。

想法不值钱，执行才是关键。现在就去行动吧！

这样做调研，找到用户的真需求

有一个创业者朋友问我："凯莉，我想做一个一站式解决宠物照护问题的产品，你觉得这个主意怎么样？"

我说，"你不应该问我，因为我没有宠物，不是你的目标客户。你应该去找到你的目标客户，去做市场调研。"

没过一会儿，我就看到这位朋友在我们的共同社群，以及她的朋友圈里发布了一条消息，消息是："我准备做一个解决宠物照护的产品，如果你有宠物，你愿意为它付费吗？"

然后，其他朋友们热情回复，"我会""好主意哎"……

我扶额沉默了。

因为，这样的提问，问了也相当于没问。

这样做调研的结果，大概率是你辛辛苦苦把产品推向市场以后，亲戚朋友出于鼓励的目的而为你付费，除此之外，你很难找到其他用户，因为你的产品并不是真的被用户需要的。

于是我私信给这位创业者，分享了几本用户调研相关的书，推荐她阅读。

在用户调研方面，我常常向学员推荐的一本书，是罗伯·菲茨帕特里克（Rob Fitzpatrick）写的 *The Mom Test*（老妈测试）。Rob Fitzpatrick 本人是一位爱尔兰创业者、投资人，他把自己做用户调研的经验和踩过的坑，写成了这本 *The Mom Test*。

之所以叫作 *The Mom Test*，是因为作者认为，假设你今天对你的妈妈做用户访谈，你妈一定会怕你受伤，不会跟你说出自己内心真实的想法。如果你能把妈妈内心深处的想法问出来，你才通过了"老妈测试"。

如果你有兴趣，建议去阅读英文原版书。下面我跟大家分享用户调研的核心方法，帮助你少走弯路。

每个人都知道需要和客户多沟通，但是并非每个人都知道如何正确沟通，如何获取真正有效的信息。

不要问你妈，"我要干的事业是不是很有前途？"没用的，出于爱你，她不会说"你干的事死路一条。"

也不要问别人"我这个创业想法，市场是不是很大？"没用的，出于礼貌，别人只会奉承几句。他没有义务告诉你真实想法，找到他的真实想法是你的责任。

如何在用户访谈中通过"老妈测试"？以下是六个重点法则：

01	不要直接提到你的创业想法	04	过滤赞美
02	问过去发生的事情而非对未来的猜测	05	避免不实际的回答
03	多听，少说	06	深入挖掘客户的要求

一、不要直接提到你的创业想法

创业者最常犯的错误，就是在做用户访谈的时候，把对方当成自己需要说服的对象。一上来就说"我想做×××，你认为这是一个好想法吗？"

用户访谈，最重要的是为观察用户的习惯、意见、情绪。但许多创业者一上来就迫不及待地对着用户"种草"自己的想法，然后才开始访谈。

这样的提问方式，会对用户的回答方向产生影响。大部分被提问者出于礼貌，或者出于给自己减少麻烦的考虑，都会说出你想要听的答案，而不是他们真实的想法。

所以，**最好的测试创业想法的方式，就是完全不要提到你的创业想法。**

二、问过去发生的事情，而非对未来的猜测

每次看到创业者朋友做用户访谈时，我最常听到他们问用户的一个问题是："你会不会愿意花X元，去买一个Y功能的产品？"

这是一个对未来进行猜测的问题，同时也是创业者想要满足自己虚荣心的一个问题。因为通常陌生人都会基于礼貌回答："我会购买。"但是不代表他们真的会购买。

正确的访谈，要问过去发生过的事情，并且切入细节，深入了解用户的行为。

我们来试着修改上面这个问题。

以*The Mom Test*书中的例子来说明，假设你有一个打造"线上食谱App"的想法，该如何找出用户的真实需求？

错误的示范是："如果有一个App，可以让你在手机上买到比纸质食谱更便宜的电子食谱，你会花多少钱买呢？"

问题在于，客户不一定需要电子食谱，也不一定愿意为这个产品付费。这样提问，你已经在让对方按照你的思路，猜测未来可能会出现、也可能永远不会出现的情况。

正确的示范是，我们应该先从用户的生活开始谈起——

> "你现在家里的食谱是怎么得到的呢？"
>
> "上一次购买食谱是什么时候呢？"
>
> "如何知道这些食谱呢？"
>
> "多少钱呢？"

通过询问修改后的问题，你可以获得以下信息——

- 你的竞品或替代品。

- 用户的购买频率。

- 用户为同类产品支付的价格。

透过这样的问题，你可以拿到真实发生过的数据，而非他们认为未来会做的事情。

如果你只是问"如果……，你会不会……"这种预测未来且过于宽泛的问题，很有可能得到的是错误的信息。

另外，如果你的访谈对象告诉你："我觉得我需要你说的这个产品。"但当你问他有没有去找过类似的产品时，他却还没有尝试去寻找解决方案，那意味着这个问题也许存在，但是并不值得被解决。因为用户的需求既不迫切，也不紧急，解不解决对他们来说也没有什么影响。

三、多听，少说

听起来容易，但许多人在做用户访谈时，一旦发现对方没有按照他的预期方向回答，就会忍不住补充信息，试图说服对方说出自己想听到的答案。

妈妈："所以你这个食谱一本要价40美元？App不是一般几美元而已吗？"

你："但是这个产品比真正的食谱来得便宜，而且你不需要真的跑到商店购买，可以直接在你的手机上浏览购买，还不占地方……"

一定要记住，我们做用户调研的目的，是要去把他的用户行为彻底描绘出来，你要观察的是为什么他们觉得价钱太贵，为什么会介意某些功能不够好，为什么他们对你提到的附加功能无动于衷。

你唯一不应该做的，就是试图说服他们相信你的产品有多么好。

少说话，当一个好的倾听者。

四、过滤赞美

出于礼貌，大部分用户访谈都是以对方对你的想法或者产品的赞美结束。

但遗憾的是，大部分人是在说谎。

他们不一定是故意的，可能只是想要表达支持，给你面子，或是你的热情多到让他们不敢出声。

> 你："这就是我们的产品。它是X但结合了Y的功能，让它的效率大大提升了50%！"（内心读白：我讲得真好！）
>
> 用户："我觉得你们的产品很有意思！保持联络，有什么消息一定要跟我说！"（内心读白：不敢相信我已经跟这个人聊了一小时！）

如果你的会议出现类似这样的对话，请小心，这是一个无声的警告。

正确的做法示范如下：

当你听到这样的赞美时，先收起你的喜悦，先去问对方到底哪里好，产品要怎么符合需求，他还试过什么方法去解决问题。

你："这就是我们的产品。它是X但结合了Y的功能，让它的效率大大提升了50%!"（内心读白：我讲得真好!）

用户："我觉得你们的产品很有趣!保持联络，有什么消息跟我说!"（内心读白：不敢相信我已经跟这个人聊了一小时。）

你："我想请问，我们的产品怎样才能更符合您的需求?您现在是如何解决这个问题的?"（过滤赞美，刨根问底去找到事实。）

用户："哦，其实这不是一个很紧急的问题，我们通常都先放着……"（获取关键信息。）

如果会议结束后，你听到你的伙伴说："今天会议很顺利!他们特别喜欢我们的主意!"

先别急着庆祝，问清楚，到底为什么顺利，对方为什么喜欢。你访谈的目的是获取有用的信息，而不是虚荣的赞美。

五、避免不实际的回答

许多时候，用户都会像这样回答："我觉得我会……""我常常会……""我很有可能会……""我应该会……"

这些回答虚无缥缈，身为一位专业的访谈者，一定要得到有具体证据的答案。

当用户说"我常常会……"时，请提高警惕，详细询问他上一次这么做的经验。

有时用户说的"我经常……"可能意味着上一次是在半年

前，你必须继续深挖，才能了解用户的习惯。

以下情形十分常见，你需要知道如何破解——

当你向用户介绍完你的创业想法，他说："太酷了，等你的产品出来了，我一定会买！"

这个看似肯定正面的回答，其实还是虚张声势，是一个准备等你跳进的陷阱。遇到这样的回答，请不要回去跟你的团队说成功了。先拨开这轻飘飘的回答，深入询问为什么他会这样说。

> 你："请问你有用过×××（类似的产品）吗？"
>
> 用户："用过，但那个界面好复杂，我只不过想买个东西。"（你找到了用户需求的优先顺序。）
>
> 或者：
>
> 用户："没有哎，我好像在咖啡店看到过，但我每次都很赶。"（你发现这样的推广方式对他们可能无效。）
>
> 你："你现在就可以去应用商店下载使用看看呢。"
>
> 用户："好，等我有空的时候再下载吧。"（并不急迫，说明这不是一个真正的问题。）

六、深入挖掘客户的需求

创业者每天都会被各种主意和想法包围，大部分来自用户访谈。用户知道你想要做的事情后，总爱跟你列出一大堆想法，叫你加入这样那样的功能和服务。

先别急，先把他们的要求记录下来，但别急着放进你的行动事项清单里。

当客户提出要求时，你要做的不是直接加入新功能，而是询问客户背后的动机是什么。找到动机后，你可能会找到全新的方式去满足用户的需求，而不是用户描述的方式。

深入了解用户背后的动机以及心态后，有可能对你的产品、策略以及客群选择带来巨大的改变。所以，当下次有亲朋好友或者你的调研对象无私地倒给你想法时，先别急加入行动事项，先找出他们提出需求背后的原因吧！

记住以上六大原则，下次不管是妈妈还是用户，你都能问出被隐藏的、宝贵的用户洞察。

经验之谈：

- 如果你提到了你的想法，人们会试图保护你的感受。

- 除非你愿意花几分钟闭嘴，否则你无法获得任何有用的东西。

- 你表达得越多，结果反而越糟糕。

起步阶段，适合做这个产品

如果你也计划教授一门知识、提供知识类服务（比如心理咨询、成长教练、家庭教育），而非售卖实物产品（比如卖服装、农产品），那么你一定要认真阅读这一节。因为我知道无数人在开发产品的顺序上走过弯路。

在起步阶段，我通常建议我的学员先从咨询类产品入手。与咨询类产品相似，私教陪跑也是一种深度定制化的一对一服务。不同的是，私教陪跑通常比一对一咨询周期更长，比如1个月的陪跑计划则可能是4次一对一咨询，3个月的私教计划可能是12次一对一咨询。通过这样的服务形式，你可以帮助客户更持续地解决个性化问题，和他们建立更深的信任关系。

这种方式不仅帮助你深入了解客户的需求，还可以让你在持续的交流中进一步优化自己的产品交付方式。在服务过程中，你可以通过不断调整自己的方法，逐渐打磨出最适合客户的解决方案。

换句话说，起步阶段，出售你的时间，用你的时间来换取回报。

为什么要建议大家在起步阶段做咨询，而不是一上来就开发课程呢？主要有几个原因。

原因一：客户需求的不确定性

在创业初期，我们对客户的需求常常没有准确地把握。很多人初次进入市场时，对自己可以提供的服务范围并不明确。以自媒体培训为例，你可以培训的内容很多，你可以培训做内容、做直播、做产品、做社群、做发售……但到底客户最需要的是什么？哪些内容是你最擅长且最能帮助客户解决问题的？这些问题的答案往往需要通过与客户深入沟通才能了解。

咨询类服务恰恰提供了这样的机会。在一对一的咨询过程中，你可以直接听到客户的真实需求和反馈，了解他们的痛点和关注点。这种直接的互动可以帮助你快速调整自己的服务内容。相比于发布一整套课程，咨询服务可以在每次交付中逐步验证你的交付能力。通过这样的互动，你能够对客户的需求有更准确的把握，从而逐步打磨出一个标准化的产品。

原因二：起步阶段影响力有限

在刚起步的时候，很多人缺乏广泛的影响力。如果你一开始就尝试做课程类的产品，比如需要招募10到20个学员，每个学员收费几百到上千元，这对于没有积累大量影响力的新人来说难度大。课程类产品的运营周期往往较长，动辄至少21天，如果生源不多，运营成本和精力投入可能无法得到合理的回报。

举个例子，假设你推出一个课程，定价499元，招了10个学员，结果你这一个月的收入是4990元。听起来还不是很差？你要知道，一门课程，第一期往往是招生最容易的，一开始你可能会因为一些老朋友或少数支持者而招到人，但是这一期课程结束后，第二期未必还能招到相同数量的学员。但是不管你招了多少人，课程运营过程中你都要不断付出差不多的精力去做好交付。

影响力的积累需要时间，所以即使你一开始不做标准化交付产品，你也需要在起步阶段花一些精力去建立你的个人品牌影响力，为后续业务的放大做准备。不然你会难以实现从一对一咨询到标准化产品交付的跨越。

原因三：定制类产品能够收取更高的价格

相比动辄199元、299元的录播视频课，和1999元、2999元左右的21天线上训练营，你的一对一咨询可能一次就是几百甚至上千元，你的三个月私教陪跑项目，更是动辄几千元、上万元。如果你正处在缺乏个人品牌影响力的起步阶段，希望达到尚且不错的收入水平，那么做高客单价、定制化交付的产品和服务，更容易达成目标。

咨询类产品有几个重要的优势：

1. 它不需要大量的生源。而课程需要等到足够的学员报名才能开课。

2. 咨询服务是灵活的，你可以随时决定接单或不接单，时间完全由你掌控。比如，你可以每周只接几个客户的咨询，根据你的时间自由安排。

3. 咨询能快速帮助你洞察客户需求，验证你的交付能力。

假设你通过30个一对一咨询，已经清晰了解了自己擅长解决的问题，并对解决方案有了信心，这时，你可以总结这些咨询中遇到的共性问题，并将其打磨成一个标准化的交付产品，比如录播课、训练营、打卡营等。这样，你就能将一对一服务转变为可以标准化批量交付的产品。

到了这个阶段，假设你早已开始在网络上输出内容，打造自己的个人品牌，那么你的标准化交付产品在招生上会更加容易而且可持续。

在创业初期，咨询类产品可以帮助你快速进入市场，积累影响力和客户反馈。通过不断调整和优化你的服务，你不仅可以打磨出标准化的产品，还能为自己的未来发展奠定坚实的基础。私教陪跑模式则进一步加强了你与客户的联系，使你能够在长期的交互中建立品牌信任。最重要的是，勇敢定价，坚定地相信自己的价值，学会欣赏自己的价值，就是为自己的生命增添价值。

第6章

放大规模：搭建产品体系，放大你的事业规模

恭喜你，已经迈出了第一步，拥有了自己的第一款产品！

它可能是一对一咨询，可能是私教产品，也可能是其他形式的产品。不管怎样，你已经告别了"用爱发电"，开始建立起自己的自媒体商业。

接下来我们说说，如何以一个产品为起点，逐渐设计出完整的产品体系，放大我们的自媒体商业。

超级个体如何实现年入百万千万

为什么要搭建产品"阶梯"？

当你的初始产品已经成熟，并且获得用户认可后，接下来就要进入搭建产品体系的步骤。一个系统的产品体系可以促使老客户产生二次购买，获取更大的用户生命周期价值。

产品阶梯是指将产品分层次，提供不同层次的服务来满足客户不断升级的需求。常见的阶梯包括从低价的体验课到中价的深度课程，再到高价的社群或者服务。

例如，如果你的第一款产品是9.9元的入门体验课，那么当用

户对你的服务产生信任后，可以升级到999元的系统课程，最终推出9999元的私教一对一服务。数据显示，产品阶梯策略可以将客户的生命周期价值提高约30%～50%。

超级个体的收入增长是分阶段的。我们以知识付费为例，探讨如何从月收入5万元到年收入500万元及更高的水平。

第一阶段：月收入1～5万元

在这个阶段，超级个体可以通过一对一咨询或定制化服务来获取收入。比如你擅长某一领域，可以通过提供私人咨询或定制化服务快速积累初期客户。

这个阶段的好处是一个人收集用户需求，同时没有太大的招生压力。因为，如果你要开一个训练营，需要在固定的时间节点之前招够一批人，而且大概率需要几十个人，那么你在招生上就一定会有压力——在固定的开课时间之前我从哪儿招这么多人？如果招不够人，我是开课还是不开课呢？招够了这一期，下一期的人从哪儿来？……

但是如果你做的是定制化服务、一对一咨询，那么只要来一个客户，你就可以立刻提供服务。相对来说，定制化服务客单价可以更高，比如私教、陪跑，动辄几千元甚至上万元。你在获客上也没有压力，靠私域、朋友圈和私域社群里的人就够了。

但是你不能停留在这个阶段，因为用时间换钱是赚不到大钱的，你需要开始耕耘自媒体，搭建账号，输出内容、打造IP，建立起你的线上渠道，为以后售卖标准化交付产品、放大业务规模做准备。不然总有一天，你的私域流量会枯竭。

第二阶段：年收入50万～100万元

这个阶段有两条路径：

01 // 深度服务大客户

02 // 规模化交付产品

1. 深度服务大客户

如果本身有大企业资源，可以深度服务个别大客户。比如曾经的企业高管，可能有行业大客户资源，一个大客户就能带来百万元收入。

2. 规模化交付产品

然而，大多数人成为超级个体的早期，都是缺少大客户资源的，就算有资源，也不一定有适合大客户的产品服务。在这种情况下，要从月入5万元跨越到年入50万～100万元的阶段，一定需要规模化交付的产品。比如我们的训练营、勇士合伙人，都属于规模化交付的产品。

这个阶段可以通过私域获客，但同时需要具备从公域流量持续稳定获客的能力，否则招生会遇到问题。

在年入50万～100万元的阶段，需要有个小团队协作，因为一个人无法兼顾课程研发、设计、运营、上课、回答问题等所有事情。

比如训练营、在线课程等，这种方式能够让你用同样的时间服务更多的客户，大大提升收入。同时，你可能需要一个小团队来帮助你管理课程的运营、招生等事务。

第三阶段：年收入100万~500万元

要实现年入100万~500万元，分两种情况。一是深度服务个别大客户；二是建立产品体系，不再只靠一个产品。

不排除少数人资源雄厚，服务一个客户就已经有七位数收入，也不排除有些人流量获取能力极强，一个产品轻松实现年入百万千万元。这些都是极少数人，我们要探讨的是适合大多数人的路径。

对大多数人来说，为了进入这个阶段，需要设计有升阶逻辑的产品体系。比如前端产品是一个5000元的训练营，后端产品是3万元的陪跑产品等，不同产品满足不同阶段用户的需求，从而让用户产生复购，获取更高的用户终身价值（LTV）。

这个阶段的创业者，需要具备挖掘用户需求并开发出产品解决用户不同阶段需求的能力，同时要注重精细化运营。在持续扩大流量的同时，知道如何精细化运营和服务用户，让他们意识到自己有更高阶的需求，并愿意为后端产品付费。

持续扩大流量　→　精细化运营和服务　→　用户有更高阶的需求　→　用户愿意为后端产品付费

这个阶段，需要一个更为完善的团队，通过更多元的营销手段和更强大的运营团队，实现业务的跨越式增长。

第四阶段：年收入500万元以上

在年入500万元以上甚至千万元的阶段，有一个很大的区别是要选对赛道。有的赛道需求旺，比如2023年的人工智能相关培训。但也不是每年都有这样的风口，有些赛道是长期需求旺盛的，比如家庭教育相关的。要根据自己的判断选择合适的赛道。

同时，要有产品体系，要么深度服务个别大客户，要么服务大量客户。

在获客方面，要有流量获取和精细化运营的能力，并且要能够通过团队复制放大销售转化、交付等各项重要能力。

这个阶段你会需要团队协作，你或者团队里面的运营负责人，需要有比较强的组织管理能力。

但也有少数例外，比如，那些流量获取能力极强的人，一两个人的团队就能做到年入千万元以上。他们只要把最长的长板发挥到极致，就可以获得非常不错的结果。

实现以上阶梯跃迁，核心在于以下三点。

1. 标准化产品的规模化交付

扩大产品规模的关键在于实现"标准化"交付，例如录播课、训练营、线下课模式。这种产品标准化不仅便于管理，还能提升学员的学习效果。

2. 引入更多的流量渠道

当你的产品得到一定认可时，可以尝试通过更多公域渠道来扩展流量。例如，投放短视频广告、与大V联动等，这种方式可以在短期内迅速吸引关注并实现转化。

3. 构建团队协作实现业务裂变

如果年收入目标提升到百万元以上，那么一人打拼的局限性将愈发明显。此时，可以考虑建立团队或与他人合作，以分工协作的方式进一步扩展业务。

自媒体小而美创业的成功并非一蹴而就，它需要明确的方向、扎实的执行力，以及不断的市场探索和调整。

无论你是专业人士、创业者还是内容爱好者，找到适合自己的路径，持续提升自己的能力和影响力，最终都可以实现年入百万元甚至千万元的目标。

但是你要记住，数字从来不是目的，而是我们通往自由人生的路标。

如果你也渴望借助自媒体把热爱变成事业，记住：成功的本质并不在于追求某一个商业模式，而是你能否持续为你的受众创造真正的价值。最终，我们追求的不是百万元、千万元的收入，而是那些自由、成长与影响力的无限可能。

"搭建产品体系 放大 你的 事业规模 持续为你的受众 创造真正的价值"

纵向发展业务，
　而不是横向扩张。

挖掘他人眼中的你。

产品体系设计思路

在打造自己的产品或服务时，清晰地认识自身的优势，并与潜在用户建立紧密联系，是提升个人品牌与影响力的关键。以下是一个流程化的思路，希望对你有所启发。

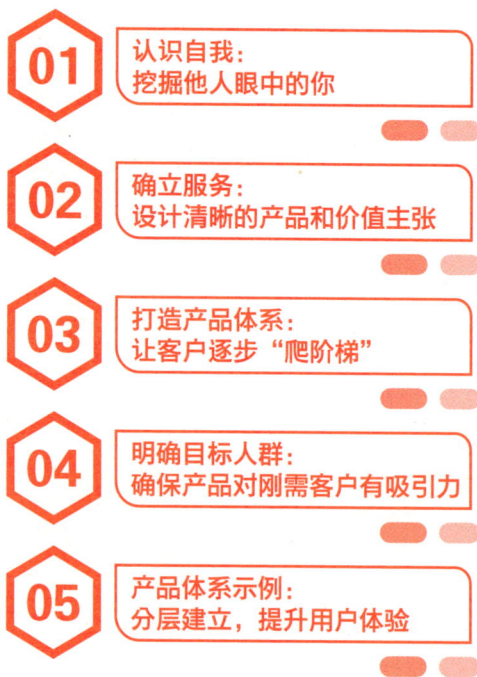

01 认识自我：
挖掘他人眼中的你

02 确立服务：
设计清晰的产品和价值主张

03 打造产品体系：
让客户逐步"爬阶梯"

04 明确目标人群：
确保产品对刚需客户有吸引力

05 产品体系示例：
分层建立，提升用户体验

认识自我：挖掘他人眼中的你

很多人可能都面临一个相似的问题：我到底能为他人提供什

么价值？也许你技能丰富，涉猎广泛，但并不清楚哪个方向是你的最佳切入点。这时，可以通过反馈找到自己独特的优势。例如，我们在一个21天打卡营中，要求学员向微信中的好友请教："如果你有任何需求，你会在什么情况下想到找我？"通过这种方式，得到对你的优势和潜在价值的反馈。让对你稍有了解、但来自不同圈子的朋友回答这些问题，可以帮助你挖掘出自己的闪光点。

这种方式不仅有助于定位个人品牌，还能加深对自身的理解。除了直接问朋友，盖洛普优势测试等类似的测评工具也是一种选项，但最直接有效的方法就是来自周围人的真实反馈。以这种方式，你能更清晰地看到自己在他人眼中拥有的独特价值，了解哪些领域可以为他人带来帮助。

确立服务：设计清晰的产品和价值主张

找到你的核心价值后，接下来要做的是设计一个简单明了的产品服务结构。无论是通过微信朋友圈发布一对一咨询服务海报，还是在其他平台展示，都需要做到直观易懂。将服务内容、收费标准、联系方式和个人介绍清晰地展示出来，让潜在客户一眼就明白你提供的价值。

在朋友圈或者社群中，展示自己的专业和经验，特别是让他人清晰地看到你提供的帮助。例如，我们的青少年成长教练学员，会在朋友圈定期发布青少年心理咨询的海报，一方面帮助有需要的人，另一方面也吸引了潜在客户。这样的展示不仅增强了影响力，还通过帮助他人来建立品牌信任。

打造产品体系：让客户逐步"爬阶梯"

产品体系的设计不需要一蹴而就，而是循序渐进地建立客户信任。常见的路径是：引流产品→标准化产品→高阶定制产品。前期的引流产品可以是低价课程、免费文档或咨询表，吸引对你内容感兴趣的用户建立联系；中期的标准化产品则可以是录播课或训练营，提供更深度的价值；后端的高阶产品可能包括个性化咨询、社群服务或私董会，以解决客户更深层次的问题。

举个例子，很多知识博主会在内容中或者评论区放置引流品链接，如免费的姿态纠正指南，吸引对青少年成长感兴趣的家长关注。建立信任之后，再推广高阶的定制服务。这种设计不仅有助于增加客户的黏性，还能让他们通过逐步体验更深入的服务，享受到更高的价值。

明确目标人群：确保产品对刚需客户有吸引力

在设定产品的价格与服务模式时，优先考虑刚需人群。对于刚需客户来说，解决问题的需求是急迫的，他们也更愿意为有效的服务支付溢价。而非刚需人群可能只是抱着"试试看"的心态，对价格较为敏感，对服务的重视程度也有限。

因此，越是高阶的产品，服务内容应越深入，以满足高净值客户的需求。通过筛选客户，你不仅能聚焦服务，也能提高产品的市场定价。

产品体系示例：分层建立，提升用户体验

以我们团队为例，我们团队的核心产品体系就是：免费的福利资料→百元以内的小而美创业三天体验课程→千元级的训练营→

万元级的定制产品或勇士合伙人圈层。

前端福利资料和体验课用来建立初步的信任，中阶课程提供更深入的知识，而后端的高阶产品则提供更深度的链接、更定制化的解决方案。

从自我认知到设计产品体系，再到筛选目标客户，这一系列步骤能够帮助你建立稳固的个人品牌和产品体系。每个阶段的产品设置不仅展示了你的能力，也为不同层次的客户提供了相应的解决方案。通过让客户逐步体验、深入理解你的价值，最终实现高质量的交付和理想的营收。

搭建产品体系，注意避开这些坑

01 纵向发展业务，而不是横向扩张

02 不要一开始就着急搭建产品体系

03 谨慎选择产品定价策略

04 明确真实需求，重视包装与价值塑造

1. 纵向发展业务，而不是横向扩张

在产品开发初期，**专注于单一产品的打磨和运营**至关重要。我们常见的一些成功博主，他们之所以能够在市场中占有一席之地，正是因为他们在某个领域持续深耕，建立了强大的个人品牌，让人在想到这个领域的时候，立刻就会想到他。

而有些人看到市场上这个领域也有机会、那个领域也有机会，于是什么产品都想做，既教家庭教育，又教英语，又教人怎样用好AI工具……横向发展的结果，就是你的个人品牌形象在用户心中极不清晰。

觉得自己什么都能做，往往意味着什么都钻研得不深。而如果什么都是浅尝辄止，那么你的个人品牌在别人的心目中就是模糊的。

我们发展自媒体商业，探索线上业务路径，打造个人品牌，要做有积累的事情。有积累的事情，除了内容创作，还有你在一个领域的话语权，你在一个领域的专业度。

举个例子，如果一个人只有一两款产品，全都围绕着家庭教育，那么久而久之，他在你的心目中就是家庭教育专家。你今天不一定有购买他的产品的需求，但是当你有需求的时候，第一个就会想到他。因为他的个人品牌已经立住了。你大概率不会想到那个什么课都讲的人，因为他在你心目中的形象不够清晰明确。

所以我建议大家在找到自己擅长的方向以后，缓慢纵向开发产品，谨慎横向拓展业务。

想象一下，你的产品已经达到了以下标准：运营成熟、用户反馈良好，且成功地帮助了一部分学员取得切实成果。这时，再去

考虑拓展其他产品线，才是明智之举。

许多自媒体创业者能够成功，不是因为他们同时涉足多个领域，而是因为他们聚焦于一个核心问题，比如教育、AI或是心理咨询，在这个特定的领域深耕并获得认可。拓展时也尽量围绕该产品的上下游，或者关注相同人群的其他需求，使产品延展自然贴合核心能力，保持品牌一致性和价值的清晰度。

2. 不要一开始就着急搭建产品体系

很多人看到大咖们都有自己的一套产品，于是在起步阶段就照猫画虎，也设计几级产品阶梯——前端9.9元体验课，中阶999元训练营，后端9999元私董会……结果发现，根本招不够人。

有搭建产品体系的意识是好的，但是没有必要在起步阶段就一步到位设计好。因为产品是跟着用户需求产生的，当没有用户表示需要你的课程、私董会的时候，一厢情愿设计产品不是难事，难的是招不到人。

最理想的情况是观察用户需求的变化，然后根据用户需求来研发迭代产品，避免一厢情愿。一开始就设计好看似完整的产品体系，最后很有可能发现用户根本没有需求，你的设计只是在浪费时间。

3. 谨慎选择产品定价策略

对于不是百万级粉丝的博主来说，不建议长期依赖超低价产品。例如9.9元、19.9元的低价课或者199元的录播课。这类产品的成功需要大量流量支撑，而对中小型博主来说，这种流量通常难以持续。如果以低价录播课为主，假设售价199元，而仅售出10份，总收入仅1990元，连前期投入的录制时间成本都难以覆盖。这种策略在初期不但不适合，还可能造成时间和精力的浪费。

更有效的策略是按部就班，按照1万元到5万元的产品路径去尝试。市场上已经有很多人踩过坑，总结出较为成功的路径，这可以帮助我们避免重复弯路。若确实对低价产品有兴趣，也可以在积累经验后尝试，但优先参考已有的成功路径，更有可能事半功倍。

4. 明确真实需求，重视包装与价值塑造

成功的产品，不仅能够解决用户的真实痛点，还能精确地找到对该需求有强烈意愿的人群。并不是所有用户都对问题的解决充满渴望，因此，找准有迫切需求的目标用户，才是成功的关键。同时，产品的包装与价值塑造也不可忽视，不要仅仅依赖自身能力来解决问题，而是要让用户明确地感知到产品的价值。

如何让用户一目了然地感受到产品的价值？你可以通过具体的数字或可衡量的效果，帮助用户更直观地理解你的服务。例如，一门"21天剪辑课"不仅教会学员技术，还能让他们在短期内掌握技能，实现学费回本，甚至找到一份月薪五位数的工作。这种价值塑造能够强化用户的认知，提升他们的购买意愿。

一个成功的产品不仅要有实用性，还要通过有效的营销传达出价值。这种策略的优势在于，它能让用户在决定购买之前，就深刻理解产品的核心价值。

第7章
销售推广：不懂销售，你会举步维艰

销售是每个人必备的技能。如果不懂销售，你的事业规模就会大大受限。

从不敢卖、不会卖，走向敢卖、会卖

在转变为"小而美"个体的过程中，很多人都会遇到思维转换的问题——我们从企业打工人、执行者或者管理者的角色，逐渐过渡到小而美创业者的角色，需要为自己建立起一个可以闭环的商业路径，也就意味着，我们需要从等待公司给我们发工资，转变为自己定义自己的服务、自己为自己定价。

于是在与他人沟通时，许多人发现自己在角色切换上遇到了困难，很难开口谈钱。

即便本来很热爱一件事，却由于不知道怎么开口谈钱、难以自信地为自己定价，一直在做的事情相当于在免费付出。

于是，要么一下子因用力过猛，而把用户吓跑，要么委屈了自己，明明提供了服务，但是不敢按照合理的市场价格收费，而客户还把我们的付出视为理所当然。

既然选择了成为小而美创业者，就一定要突破心理卡点，包括金钱卡点。因为其实真正阻碍人们在小而美创业之路上取得成就的，往往就是心理卡点，而不是具体怎么做。

具体怎么做很容易学会，但是心理卡点，有着更深层次的原因，需要被有意识地去觉察，才能得以破除。

下面我们就来说说，在小而美创业之路上，如何既保持真诚，又能有效地进行销售转化，实现个人价值。

这个转变，正是许多小而美创业者从不敢卖、不会卖，走向敢卖、会卖的过程中必须突破的难题。

这其中常见的行为表现有以下三大类。

1. 不敢开口收钱，只好免费提供服务，然后又感到委屈

很多人不好意思开口要钱，怕影响关系或者显得功利，尤其是在刚起步时，常常选择免费提供服务。

于是在微信上与熟人联系时，很多人感到难以自然地将朋友转化为客户，时常在销售转化上不够自信。

一方面，担心自己定价过高，特别是在面对熟悉的人时，常常会选择"随喜"的方式——对方愿意给就给、愿意给多少就给多少。

这种方式往往导致对方没有在服务结束后付费，反而增加了自

己的心理负担。

免费的服务做久了，无论是谁，都难免产生委屈感，觉得自己的劳动没有被尊重，对自己能够为别人提供多少价值也产生怀疑。

2. 不确定能够为对方提供多少价值，不知道该收多少钱

很多人不确定自己的服务价值几何，有时害怕定价过高吓跑客户，有时收取的费用比自己的心理预期还要低。这种不确定感导致对定价存有困惑，最终损害自己的长期收益。

在这种情况下，需要制定一个阶段性的定价策略，可以根据经验和市场反馈逐步调整价格。

定价不仅是对自我价值的肯定，也是引导客户尊重咨询服务的方式。

如果希望提供公益服务，可以设立每月固定时段的免费咨询。这样，真正有需求但无力支付的客户可以通过排队获得服务，而有付费能力的客户则能在其他时间段享受到专属服务。

3. 在沟通过程中不知道什么时机该谈钱

收钱的时机也是许多人感到困惑的地方。

很多人担心一开始就提钱会显得太过功利从而导致在沟通过程中很尴尬，不知道什么时候是适合提钱的时机——提早了，担心破坏信任，提晚了，又显得突兀——"我们本来在聊天交朋友，结果你突然要我掏钱？"这种尴尬在销售转化中非常常见。

在了解症状之后，接下来说说我们应该如何突破这些卡点。我整理了五大方法：

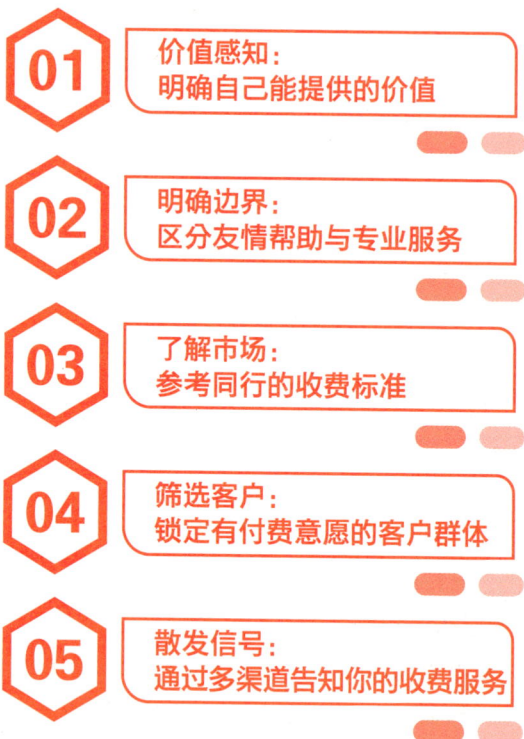

01 价值感知：
明确自己能提供的价值

02 明确边界：
区分友情帮助与专业服务

03 了解市场：
参考同行的收费标准

04 筛选客户：
锁定有付费意愿的客户群体

05 散发信号：
通过多渠道告知你的收费服务

1. 价值感知：明确自己能提供的价值

首先，你必须对自己提供的服务有清晰的认知。你能为客户解决问题，无论是帮客户节省时间、提升效率，还是为客户提供专业见解，都是你的价值所在。记住，客户并不是为你这个人付钱，而是为你帮助他们解决的问题付钱。明确这一点，收钱就顺理成章了。

例如，我的学员Lucy是一位职场白领，她靠自己申请到美国的学校读大学本科，又长期在美国生活，于是经常在视频里分享美国生活及留学申请相关的信息。由于视频流量非常好，她按照我们的指导把不少粉丝转化到了自己的微信私域，进行更进一步的沟通转化。

一开始，她会给自己的粉丝提供免费咨询服务，像交朋友一样解答他们的问题，后来，我们团队强烈建议她打磨出自己的产品，告别"用爱发电"。同时她的粉丝也经常在和她沟通的时候询问："你有留学相关的咨询产品吗？我想购买。"这让她意识到，自己不仅仅是在跟粉丝聊天，而且是可以为客户解决实际的问题、创造实实在在的价值的。

2. 明确边界：区分友情帮助与专业服务

很多人不敢收费，是因为觉得自己在"交朋友"。但必须明确：朋友是朋友，生意是生意。你需要清楚地划定边界——哪些是你的专业服务，哪些是朋友间的互助。

你不能指望别人主动地意识到这一点。由你来设定清晰的服务边界，你才能避免模糊地对待"朋友"与"客户"。

在我们的指导下，Lucy设计出自己的第一版咨询产品海报，并且发布到朋友圈，告诉别人自己可以提供什么服务、解决什么问题，并附上简单的自我介绍，告诉别人"为什么我能解决你的问题"。这个清晰的介绍，可以让她的粉丝知道她的服务是专业的、值得付费的，并且有着清晰合理的定价。

3. 了解市场：参考同行的收费标准

要知道如何定价，首先需要了解市场行情。通过观察同行的收费情况，了解类似服务的市场定价，你就能给自己的服务设定一个合理的价格区间。在收费时既能保证自己的价值，也不会因为价格太高而吓跑客户。

Lucy在推出咨询产品之后，发现很多来咨询的客户都有留学申请的需求，于是她就针对留学申请市场展开了调研，了解了行业收费标准和服务内容，然后根据市场行情和心目中的合理收费区间设定了自己产品的价格。这样做，客户能够接受，自己也不会感到委屈。

4. 筛选客户：锁定有付费意愿的客户群体

随着经验的增加，你会发现不是所有人都适合成为你的客户。逐步筛选出那些真正愿意为优质服务付费的客户，优化自己的服务内容，既能提高客户的满意度，也能让你更好地掌控自己的业务。

对于我们团队来说，一开始，我们会为所有对自媒体感兴趣的人服务，于是招收了小而美创业者，也吸引了很多对自媒体有一丁点兴趣、但是觉得它可有可无的客户。后者的付费意愿不高，也缺乏足够强的行动力长期坚持，也自然就难以真正在自媒体上拿到结果。而那些真正想创业和已经在创业的人，其付费意愿更强，也更容易付诸行动、拿到结果。于是我们逐渐聚焦于服务这类人群。

例如我们的学员Lucy，她后来顺利推出了留学申请陪跑产品，通过将她的服务内容和收费标准明确告知潜在客户，避免了那些不愿付费的用户占用她的时间，而真正聚焦于确定有留学需求，又有高付费能力的家庭，从而既帮助自己节省了时间，又大幅提高了自媒体小而美商业的营收。

5. 散发信号：通过多渠道将你的收费服务广而告之

一个成功的自媒体人，不仅需要做优秀的内容，还要做持续的市场营销。你需要在自媒体平台、微信私域和朋友圈中，持续传递关于自己的服务的信息，包括你能够帮助客户解决哪些问题、收费标准是多少，这些都应该定期、规律地向你的受众传达。

比如，我们每天都会在朋友圈发布和产品交付、学员报喜相关的信息，从而加深潜在客户对我们的产品的印象。在我们的指导下，学员也都会在朋友圈中展示自己的服务内容、服务成果、收费详情。通过长期稳定的信号散发，能够培养用户心智，在潜在客户心目中留下靠谱、稳定的印象。

收费并不是一件难以启齿的事情，它是对自我价值的确认，也是客户对你的专业度的认可。要突破心理卡点，需要我们对自己的价值有清晰的认知，设定合理的定价策略，并且通过持续的信号传递让潜在客户了解你提供的服务和收费。这样不仅能够帮助你建立稳定的收入来源，还能培养客户对你的服务的信任与尊重。

每一次的成功收费，都是在为你的专业度背书，也是在教会客户尊重你的时间和能力。

要收费，收多少都行

在起步阶段，很多人不敢为自己的时间定价，甚至免费提供服务。事实上，这是一个误区。你必须敢于为自己的时间和服务收费。免费的服务往往吸引不了真正认真的客户，而愿意为你的服务付费的客户，才是你真正的目标用户。

定价的标准可以从两个角度出发来确定。首先是你自己对时间价值的评估，你认为你的时间值多少钱？其次是客户对你的服务价值的感知。例如，某些高考志愿填报咨询师收取高达1万元的费用，家长也觉得物有所值，但如果你提供的是普通的兴趣班咨询服务，收费标准可能就低得多。

定价不是一成不变的，就像生意的其他部分一样，都可以迭代。

建议大家在起步阶段定价略低一些，以便吸引更多的客户，积累初期的案例和口碑。通过和客户的直接交流，你会积累一些成功案例，从而更有底气在后期逐步提高价格。同时，你也会更加清楚你想服务哪类客户，不服务哪类客户，你拥有的客户类型会影响你收费的方式及金额。

在开始阶段创建你的解决方案时，记住你能够通过以下两种方式收费。

- **以成本为基础**。如果你需要对方支付一定的费用，那么可以加上一部分"利润"，比如加上成本的20%，然后照此收费。

- **以价值为基础**。采用这种收费方式不是因为产品的交付需要花钱，而是因为产品的内在对客户有价值。

我们的目标是最终拥有一个完善的产品体系，能够针对不同阶段的用户提供不同的产品，并收取不同的费用。即使你从一个很低的起点开始，要逐渐做大做强，收取一定的费用也是非常重要的。免费与一元之间有着天壤之别。

行为经济学家丹·艾瑞里（Dan Ariely）在《怪诞行为学》一书中描述过："人们会对免费的东西趋之若鹜，即使这并不是他们想要的。"他举了一个大学生排队等待免费的、非常不健康的布朗尼的例子。只要要求付哪怕一美分，这些排队的大学生就消失了。

定价并不是一成不变的。定价只是产品的一部分，和其他方面一样，它能够而且会随着时间发生变化。与产品开发相似，你的目标是开启这一发现的过程，而不是马上得到一个完美的结果。值得注意的是，**当产品定价确实发生变化时，它通常会上涨。**

所以，要避免在一开始就把产品定价设置得太高。如果因为销售不出去而不得不降价，那将会是一件非常被动的事情。因为线上产品往往不会降价，如果降价，对于客户来说，这可能是你的产品"卖得不好"的一个信号。建议从低于预期价格的定价开始，随着你的产品不断改进、能够提供的服务更好，产品对客户也会变得更有价值，然后你再一步步将定价调整到市场水平。

一旦定好定价，你就需要开始学会销售你的产品服务了。

卖产品，从身边开始

很多学员在产品刚刚设计完成后就迫不及待地问我："凯莉老师，我有产品了，该怎么直播卖产品？"

每次听到这个问题，我都会哭笑不得。

我纠正过很多人，告诉他们：在我们刚开始卖产品时，不一定要做直播，而且很有可能在很长一段时间里，你都不需要直播，也不必依赖自媒体流量。

相反，真正的金矿就在你每天都会使用的微信聊天工具里。在我们眼皮子底下的微信私域，承载着无尽的机会，但许多人却忽视了微信这个工具的威力。

人们为什么会忽视微信的威力？

一个原因是，很多人对微信这个工具的理解过于狭隘。

我们大多数人都习惯把它当作一个用来和家人、朋友沟通的私密聊天软件，偶尔用来了解朋友的生活动态。但我们没有意识到，微信不仅仅是一个社交工具，它完全可以成为一个生意载体。

工具本身是中立的，如何使用它取决于我们如何看待它。事实上，很多人早已经通过微信私域赚得盆满钵满。比如在微商刚兴起的那些年，很多人依靠微信朋友圈和社群，轻松达到了年入百万元甚至千万元的水平。

另一个重要原因是，很多人害怕别人的看法，所以不敢在微信上做营销。

我们在微信上加了许多老板、同事、同行，甚至还有老同学和熟人。我们害怕在朋友圈卖产品会让别人觉得"这个人这么缺钱？居然开始卖东西了！"，或者担心别人会认为我们出来卖产品这件事"档次太低"。

归根结底，大家没能用好微信这个工具的销售功能，原因是过于在意别人的看法，尤其是亲戚朋友、同事熟人的看法，想要维护面子，所以不肯去做与身边人不同的事。

但我们需要思考，究竟是面子重要，还是活出自我、拥有自己向往的自由更重要？是在别人眼中维持所谓的体面重要，还是做喜欢的事、过上想要的生活重要？

厘清自己对生活中自身感受与别人看法的排序，相信你会有答案。

如果过于在意别人的看法，担心他人看自己的眼光，那么我推荐你阅读《被讨厌的勇气》这本书。不过，"在意别人的看法"并非我们这本书要着重解决的问题，我只是想提醒大家，活出自己想要的人生更为重要。

别人都是你人生中的过客，他们的看法不应该对你产生太大的影响。

当你为了迎合别人而做和别人一样的事时，别人却不会因为你和他们一样而对你多一分好感。

当你做成想做的事、过上理想生活时，你就会成为别人口中那个传奇的、勇敢的人。而到那个时候，你会发现，别人口中的你怎么样一点也不重要，因为你的眼里有了更大的天地、更远的远方。

还有人表示，不在微信朋友圈营销是因为"朋友圈里没有我的目标客户"。比如，目标客户是大学生家长，而朋友圈里都是同事、同行。

问题是，你怎么知道你的朋友圈里没有目标客户呢？对于朋友圈里的一些联系人，我们甚至不了解他们生活的全部，又怎能知道他们具体有哪些需求、没有哪些需求呢？

这样说的人，不过是在为自己不敢营销找借口。

只有行动起来，才能知道别人是否有需求。而往往身边的人里就有迫切寻找和等待我们的产品和服务的人，只是我们没有让他们知道自己可以解决他们的问题、满足他们的需求。

最初开始在朋友圈做营销推广的时候，我其实也经历了一番心理斗争。

以前我从不在朋友圈营销，最多只是在朋友圈发布视频。但意识到朋友圈的威力后，我开始在朋友圈讲述自己的产品故事，介绍产品，而且，我通过发几条朋友圈就获得了五位数金额的回报。

那个时候，我甚至从来没有在短视频、直播间、公众号等任何地方提到过自己的产品。这让我深刻认识到朋友圈的强大作用。

用户不一定会给你发的朋友圈点赞，但如果他们需要产品，那么只要看到就会主动购买。

当我们决定要通过微信私域开始推广产品时，先要做的是改变思维。微信不仅仅是你个人的社交工具，更是你展示产品、获取客户的重要平台。那么，如何从微信私域开始销售呢？以下是几个关键步骤。

1. 优化自我介绍

当你加到一个新的微信好友时，务必清晰、简短地做自我介绍，告诉对方你能提供什么样的服务，能解决什么问题。

比如，如果你是职业咨询师，那么你可以简洁地介绍自己是某领域的专家，可以帮助人们解决某类具体问题。这一段话不需要长篇大论，但一定要精准、有吸引力。你加到的每一个人都有可能成为你的客户，或者是帮你转介绍的桥梁。

举个例子，我有个学员，她是英语口语培训师。在加到家长微信时，她会简单地说："我是某培训机构的口语老师，专注于提升学生的英语口语表达能力，帮助他们在短期内获得显著进步。"这让家长一眼就明白她的专业领域，也为她后续的客户开发打下了基础。

2. 规律地在朋友圈分享

在朋友圈每天规律地发布一些与自己的业务相关的内容，这并不意味着你需要每天刷屏，但至少要让别人知道你在做什么。

你可以分享你的客户的成功案例，或者发布一些与行业相关的见解。朋友圈的置顶内容也可以用来展示你的服务和产品。你发的每一条朋友圈，都是在为未来的销售埋下种子。

这里的"规律"非常重要。营销广告能够进入用户心智的核心——持续、稳定、重复。

三天打鱼两天晒网，动不动隔一个月才发一次，给用户留下的印象就是"你不够稳定"。

3. 通过内容来"种草"

除朋友圈外，你还可以在文章、短视频中通过客户案例或反馈来"种草"，分享你如何帮助客户解决问题，展示你的产品的实际价值。这种长期的信任积累比直播短暂的冲击更有持久力。特别是当你的影响力尚未达到一定规模时，直播并不是最佳选择。许多高价产品需要经过长期的信任建立，而这需要时间和内容的积累。

卖产品，不一定需要从高调的方式开始，最有效的渠道往往就在你身边。用好微信的强大功能，不要在意他人的看法，要扎实地从朋友圈、短视频等内容积累开始，逐步打造自己的个人品牌。等到你有了足够的影响力，直播等更高曝光的方式自然可以成为你的加速器，但它不是起点。

产品保住底线，渠道决定上限

你觉得打造产品难，还是找到为产品买单的人难？

有些人认为自己的同行水平一般，但产品却卖得很好，是因为同行营销做得好，但是论实力，同行并不如自己。

还有些人认为推广很容易，所以想先埋头做出产品，然后再找人推广，客户就会纷至沓来，自己不愁赚不到钱。

你是不是也有这样的想法？

举个例子，我们团队曾经找供应商设计了一款文化衫。该供应商早期是一家做外贸业务的公司，主要为国外"网红"生产周边产品。

这家公司的T恤用的是埃及棉，拿到手就让我们感到品质惊艳。但是后来这家公司倒闭了，因为其增长一直很有限，无法打开市场。

这家公司倒闭后，我们只好转向国内另一家供应商，我在百度和谷歌上搜索，结果第一页就出现了这家供应商。在国内，它是头部供应商之一。

于是我就想换这家供应商，结果发现其产品质量很普通，同等价位的产品，质量远不如之前倒闭的那家供应商。无奈，这家供应商就是有流量、有客户、生意好。

2023年，人工智能（AI）非常火爆了，有很多AI工具开发者找到我们，希望合作，其实他们说的"合作"，就是请我用自己的渠道帮忙推广他们开发的AI工具。

其中一位开发者和我一直保持联系，希望帮我开发一个聊天机器人。他开发的工具只收1800元，但是花了很多时间和我们沟通，最后我们还是觉得没有明显的需求，于是没有达成合作。

我也挺为他感到可惜，因为花了很多时间，对应的收益又很低。如果他可以打造自己的线上影响力，经营好个人品牌，很有可能是精准客户纷纷涌向他，而不是他挨个去给潜在客户打电话沟通。

这个时代最稀缺的不是产品，而是让人们看见并愿意为你的产品买单的能力。

我们希望开辟第二曲线、寻找副业机会，其实最难的不是做出产品，而是如何让别人知道你、信任你、从你这里购买产品。渠道能力几乎决定了我们这些小而美公司的生死。

如果你能为自己搭建线上渠道，那么无论你要经营实体生意还是卖虚拟产品，都能卖得出去。

做自媒体的目的不是成为网红，而是建立渠道和个人品牌。

个人品牌资产是有复利价值的，可以如同滚雪球一般越滚越大。通过分享对别人有用的内容，可以积累自己的个人品牌资产，这些资产让你在睡觉时也能赚钱，获得"睡"后收入，让你不必担心生活压力。

虽然你做自媒体的初心不一定是为了赚钱，但如果你做得好，它确实可以养活你。

有时候，人们有着某种刻板的印象，那些通过自媒体建立个人销售渠道的创业者，往往会被误解为在互联网上哗众取宠的网红。

很多人抱有这样的想法，对我们来说其实是好事，如果所有人都认为自媒体很值得做，竞争会更加激烈，内卷会更严重。当大多数人有这样的观念时，他们往往不会进入这个行业，从而错失了其中的机会。正是那些看清自媒体本质的人，抓住了这些机会，改变了自己的命运。

从事自媒体工作的目标并不是追求"红"，而是打造属于自己的"小而美"公司和个人品牌，成为一名"超级个体"。自媒体的本质是一个渠道和杠杆，帮助你放大自己的影响力和业务。如果多数人仍然看不起网红，对我们来说也是一种优势。

正如硅谷知名天使投资人、创业者纳瓦尔说过的："财富的增长需要杠杆。"这种杠杆可以来自资本、劳动力，或者一些几乎没有复制成本的产品。你完全可以通过写书、写博客、录制视频或播客来打造"几乎没有复制成本的产品"。经营自媒体，就是一个借助杠杆扩大业务影响力的途径。

"人们对于免费的东西趋之若鹜即使这并不是他们想要的"

自媒体的本质不是成为网红，

而是建立渠道和个人品牌。

"低调做人"并不一定是美德，

而可能是愚蠢。

大胆"销售"自己，是必须迈出的第一步

很多人都拥有某种才华或一技之长，但问题在于，这些才华和能力并没有被世界看见。我们可能知道自己的优势和兴趣点，也知道自己能为他人提供什么价值，但如果我们没有主动展示自己、推销自己，这些价值就会被埋没。今天我想告诉大家：**大胆"销售"自己，是必须迈出的第一步。**

每个人都是销售员，而我们最大的"产品"就是自己。无论是发朋友圈广告、写公众号文章还是录制短视频，都是在让世界看到我们的闪光点。然而，这个过程并不容易，我也曾有过挣扎。

2017年，我刚转行成为数据科学家。那时，我写了几篇英文博客，其中两篇成为流量达10万+的爆款文章。然而，在加入Airbnb后，我停止了写作。为什么？因为我觉得自己不够优秀，而身边的同事太优秀了。于是，我选择埋头工作，忽视了自己擅长的写作。

直到2020年我被裁员后才开始反思。那段时间我意识到，**"低调做人"并不一定是美德，而可能是愚蠢。**我错过了太多展示自己的机会，也没有为自己积累个人品牌和长期资产。我太在意别人怎么看待我，以至于忘记了去为自己创造价值。

于是，我决定重新开始。我注册了公众号、视频号，开始更新自媒体内容。这是迈向"推销自己"之路的第一步。然而，仅仅

展示自己并不够，我在销售产品方面仍然遇到了巨大的瓶颈。

我刚开始做自媒体时，身边有很多自媒体博主已经开始通过接广告、卖课程等方式赚钱了。相比之下，我内心却充满抗拒："**刚开始做自媒体，为什么要赚钱？是不是太急功近利了？**"我不喜欢别人"钻到钱眼儿里"，也不好意思为自己的服务定价。

一直到2022年，我做了一年半的免费内容后，才真正开始思考如何通过自媒体赚钱。

在我刚离开职场的时候，我对推销自己和自己的产品是有卡点的。不仅我有卡点，我发现身边那些人们眼中的精英都有卡点。

在硅谷的朋友们，可能是因为自己主业收入优渥，很多人在利用业余时间做副业时，是不好意思谈钱的。

所以硅谷的华人有很多免费的模拟面试活动、免费的求职活动等各种免费的线上/线下活动，而这些活动，放在国内或者任何其他地方，都是理所当然应该收费的。

大家在有求于人的时候，习惯于说"Can we have a coffee chat?"（我们能约个线上/线下咖啡聊聊吗？），绝对不会谈钱——"谈钱太俗了吧？你那么缺钱吗？"

在这样的环境下，想要给自己的服务定价，开口收钱，天然是有难度的。我们不仅会面对自己的道德审判，还会在意别人怎么看，担心别人认为我们是"唯利是图"的人。

"裸辞"之后不久，我推出了自己的第一款产品。一开始，我是拒绝在朋友圈卖产品的。我的朋友圈转发的全都是我的公众号和视频号内容，不好意思介绍我提供什么服务、怎么收费。

后来，我了解到朋友圈的威力，下定决心开始通过朋友圈推广自己的产品。但是，一开始，我浑身上下都不舒服。

当我编辑好朋友圈文案、点击"发布"按钮的时候，我的手都在抖，发出去以后，每隔十分钟就要打开微信，看看有没有人回应。如果没有人回应，就恨不得赶紧把朋友圈文案删掉，生怕被人认为我"连发个朋友圈都想着赚钱"。

鼓起勇气迈出第一步之后，没过几天，我发现，虽然我的朋友圈营销没有收到很多点赞，但是有四五个人直接发私信联系我，说对我的产品感兴趣，并直接成为我的客户。换句话说，我通过一条朋友圈，赚到了五位数的收入。

在赤裸裸的效果面前，我选择放下面子。点赞数量不重要，别人的看法不重要，我能够为别人提供价值并且从中收获回报，才最重要。

尝到甜头之后，我开始坚持每天发3～5条朋友圈，这里面有近一半是营销类内容，另一半是我的日常思考、生活见闻等非营销类内容。通过持续的内容输出，我在我的专业领域的个人品牌就逐渐建立起来了。

虽然有的人不会立刻成为我的客户，但是因为我在朋友圈和其他自媒体渠道持续分享，不断地重复加深了别人对我的印象，所以当别人有需要的时候，就会想到联系我。

比如，现在时不时就会有微信联系人私信我咨询如何报名参加我们的课程，原因是他们之前就刷到过我在朋友圈的推广，但是当时自己并不打算做自媒体，而现在想要做自媒体了，就想到来找我了。

除在朋友圈坚持打造个人品牌、营销自己之外，我还阅读了大量销售相关的书籍，提升自己的营销能力，突破内心卡点。渐渐地我发现，如果你的初心是"我的产品很有价值，我的分享可以为需要的人创造价值"，那么你在销售上是不应该有心理卡点的。你的营销动作，是在为别人创造价值，帮助别人找到适合他们的解决方案。如果没有营销动作，别人不知道你能提供什么价值，在遇到问题的时候不知道可以找你解决，耽误了时间，那损失才大。

所以，大大方方地推销自己，不仅仅是为了自己的业绩，更是为了给他人创造价值。如果你能够通过推销自己赚得收入，那么说明你的服务是有价值的，你是被人需要的。

虽然现在分享我突破金钱限制性信念的过程看起来很容易，但是我知道几乎每个想要靠自己热爱的事情获得收入的朋友，或多或少都会在"营销自己"的道路上遇到过金钱卡点。

不敢卖、不会卖，是大多数人的通病。

比如，我有一位学员，是知名公司的营销专家，同时对人生教练也很感兴趣，很喜欢帮助别人，也希望自己可以获得相应的回报。但是，她不好意思跟别人讲自己的服务值多少钱，期待别人在接受帮助以后可以随喜一个红包，表示感谢。结果就是一次又一次地失望而归。

再比如，我们团队的剪辑师，本身视频拍摄、剪辑能力非常强，和我合作开设课程，培训更多的剪辑师。但是我每次让他在直播间销售自己的课程产品的时候，他都不好意思夸自己，每次夸自己前都要先对着自己"砍一刀"——"我们这个课，不说是市面上最好的，但是一定可以帮到你……" "我可能不是最厉害的老师，但是……"

问题是，他的能力确实很强，大家都看得见，他也已经通过他研发的课程培训出很多月薪过万元的剪辑师，为什么要谦虚？直播间的观众都是陌生人，根本不知道他是在谦虚，而会觉得"既然你都这么说了，那么看来你确实不怎么样"。我每次听到他谦虚，都得赶紧打断他，对着直播间观众说："我跟你们说，这个课有多超值，这位老师有多牛……"

类似的例子太多了。

说到底，还是社会和学校都没有教过我们如何大大方方地推销自己，销售自己的产品。

这不怪我们自己，谦虚、不好意思谈钱的观念，和我们的传统文化也有着密不可分的关系。中国古代对各个职业的排序是"士农工商"，"商"排在最后。商人经常被认为"唯利是图"，类似的观念潜移默化地影响着我们。

当我们意识到不良的金钱观念限制了自己之后，就要想办法做出改变。以下是三个解决方案。

1. 明确自己可以为客户提供的价值

很多自媒体创业者在创业初期，尤其是在提供咨询类服务时，总会心存疑虑："我的服务真的值这些钱吗？我真的帮助客户解决了问题吗？"正是这种不确定感，让大家在收费时犹豫不决。我们经常低估自己的服务价值，心里本来想定价1000元，张口就主动给对方打了折，说成500元。

举个例子，在最初开始提供一对一咨询服务时，我调研了市面上一些同类的咨询服务，发现价格普遍在几百元到几千元不等。当时我对自己的服务能定这么高的价位并不自信。后来，通过不断收集客户反馈，我逐渐了解到我的服务确实帮助他们解决了很多问题，许多客户甚至自发提出愿意支付更多的费用。这种反馈让我越来越有信心，最终敢于定出更高的价格。

所以，在创业初期，收集用户反馈是非常重要的。你可以通过提供前期的优惠或体验服务来获取用户的真实感受，并逐步调整你的产品或服务定价。一旦客户反馈显示他们对你的服务十分满意，甚至表示愿意为此支付更高的费用，那么你自然也会更有底气收钱。

2. 觉察自己的"不配得感"，然后提醒自己克服它

很多人有一种"配不上"或者"不值得"收钱的感觉，尤其是当需要收取高额费用时，这种心理尤为明显。

有些人觉得自己没有达到那么高的层次，要价太高不合适，或者担心价格高而吓跑客户。

如何克服这个心理障碍呢？

首先，要改变对金钱的认知。收钱并不意味着贪婪。你提供的服务给客户带来了价值，对方愿意为此支付费用，这就是双赢的，是一种公平的交易。

其次，可以尝试从小处着手，逐步提高价格。比如，在最初阶段，收取一个你可以接受的相对低的费用，随着你对自己服务价值的认知增强，逐步提升定价。

3. 做好市场调研，通过案例积累对于定价的信心

很多创业者在定价时并没有清晰的市场认知，不知道同类服务在市场上是什么价位，或者不了解其他人提供的服务到底包含什么内容。于是陷入迷茫，担心自己要价太高，客户可能不愿意接受。

在我一开始做线上课程时，曾做过一次市场调研，问粉丝们愿意为我的课程支付多少费用。有好几个人的反馈是700元左右，而我的心理预期则是1000元以上。

尽管调研的结果低于我的期望值，但我并没有按照用户的反馈去定价。

一是因为我调研的人群是喜欢我的粉丝群体，但是他们对于我的自媒体培训课程产品并没有刚需。

二是在我的前期调研中，很多同类课程收费远高于此，而且市场上类似课程的质量和交付水平并不高。我相信，如果我的课程能提供更高的价值，那么用户愿意支付更高的费用。

市场调研固然重要，但更重要的是你对自己服务的信心。市场上总有人提供更便宜的产品，但这并不意味着你需要和他们一样拼价格。你要通过更优质的服务和体验来提升客户的认知，吸引愿意为高质量服务买单的客户。

不过，如果你没有购买过高价的产品，那么确实很难收取高费用。

比如，如果你买过500元的产品，你就会知道500元的产品服

务是什么水平；如果你买过5000元的产品，你就会知道5000元的产品是什么水平。然后，你自然知道自己提供的服务是500元的水平，还是5000元的水平。

但是，如果你没有体验过5万元的产品，那么你大概率不敢也想不到给自己的产品定价5万元。因为你对于一款5万元的产品应该是什么样子没有概念，这个数字已经超出了你的认知。

要勇于尝试高端产品，去体验那些高价服务的质量和交付水平。这样你对市场的认知会更加清晰，也能更加自信地定价。

总的来说，营销自己不是一件可耻的事，恰恰相反，它是你对自己、对市场的尊重。我们要从意识层面觉察到自己的思维卡点，然后努力克服卡点，大大方方地营销自己。

在当今社会，我们应该摒弃传统文化中对商业和金钱的负面观念，认识到通过营销自己获得收入是提供有价值的产品和服务的体现。只有这样，我们才能在自媒体创业的道路上长期走下去，为社会创造更多的价值。

你不需要成为"大网红"，就能过上不错的生活

每当我与身边的朋友提到自媒体时，或者当他们向我咨询关于自媒体的问题时，大家第一反应就是问"如何增长粉丝？""如何拥有成千上万个粉丝？"……

实际上，粉丝数量没有你想象中的那么重要。

你想打造一份副业，通过主业之外的其他事情赚钱或者想让你的精准客户认识你、了解你、为你付费，都不要求你拥有很多粉丝。

长期来看，我们都希望自己的影响力越来越大，希望自己能被更多人关注，影响更多人，这很正常。然而，极少数人能在一夜之间爆火，迅速成为"大网红"。那些现在被你看到拥有上百万粉丝的博主"网红"，他们往往付出了多年的努力，经历了黑暗时刻。

想要找到灵丹妙药，一起步就迅速爆火，与买彩票中大奖的难度无异。

所以，我想告诉大家的是，向世界发出你的声音，并不意味着你需要成为"大网红"，另外，如果你想成为"大网红"，通常需要很长的时间。

想清楚你做自媒体的目的到底是什么，这一点非常重要。因为当你出发以后，你时不时就会迷路，你会忧愁自己怎么还没有"爆火"，你会怀疑自己做自媒体到底是为了什么……在那个时刻，记得提醒自己，当初为什么开始。

2020年6月，我开通了视频号。当时我给自己定的目标是，在8月之前，涨粉过万。

在那之前我从来没有涨粉过万。我在国外写了几篇爆款英文博客，虽然有10w+阅读量，但是粉丝量仅为4000，因此我认为一万粉丝量是一个难以达到的目标。

谁知我走了"狗屎运"，我的第一条视频发出后就成了爆款，让我的账号半个月突破了一万人关注。

但是一万人有什么意义呢？

这只是我给自己定的一个"虚荣指标"，我也不知道它背后意味着什么，只是我认为我必须有个目标。达到目标以后，我陷入了迷茫。一万粉丝量是我给自己定的目标，这个目标意味着什么呢？其实没有什么意义。

我既没有变现，也不打算赚钱，只不过在数字达到一万的时候，小小激动了一下，然后又陷入了迷茫。

之所以分享这个故事，是想告诉大家，粉丝数量不重要，它只不过是一个满足虚荣心的指标。

如果你追求的是提升影响力、建立个人品牌，那么你忠于内心、输出有价值的内容就好。在这条道路上，有太多人昙花一现，真正重要的是长期坚持。

如果你追求的是赚钱，那么你赚到的钱，和你的粉丝数量并没有直接关系。

我的朋友颖婷，是北大光华管理学院本硕毕业的学霸，她的短视频数据并没有特别出众，但是在她只有3000个粉丝的时候，她就已经变现了50万元；我的一个学员lulu，做的是留学申请业务，在她的粉丝数量只有1000的时候，她就做到了一个月变现6位数……这样的例子，比比皆是。

有很多隐藏的"大佬"，光是靠为少数大客户提供高价值的服务，或者让同一群客户反复购买不同的产品，就能够获得非常不错的收入。

而我在粉丝过万时，没赚一分钱，也不着急赚钱。所以，还是要回到"你为什么要做自媒体"这个问题的答案上。

自媒体只是一个工具，如果你去听别人的声音，那么你会听到千奇百怪的做法——从第一个粉丝开始就要变现、要做矩阵号、要从抄别人的内容起步、没有业务产品的人入局自媒体就是浪费时间……

虽然要听世界的声音，但你终究还是要想清楚自己的问题——你为什么想要向世界发声？是希望扩大影响力，让更多人知道你，还是希望能够尽快赚到钱？

对我而言，赚钱是次要的，我希望让更多人了解我，并且希望自己分享的内容能够被他人看到。而很多人主张从拥有第一个粉丝开始就赚钱。

我认为没有对错，这是两种不同的道路，我将它们分别称为**"内容爱好者道路"**和**"专业人士道路"**。

我走的是内容爱好者道路，一开始我没有产品，也不确定我能给粉丝提供什么产品，但是我就是喜欢做内容。于是我通过做内容，吸引到同频伙伴的关注。在这个过程中，我逐渐找到用户需求，从自身优势和用户需求的结合处出发，开发出相应的产品。

例如，我发现很多人会向我咨询内容创作相关的问题，那么我可以开发内容力变现营来满足需求。同样，如果发现大家对小而美创业有需求，而我正好有这方面的经验，那么我就开发小而美创业相关的产品来满足用户需求。

YouTube上很多博主走的都是内容爱好者路线，他们一开始没有产品，只是带着对内容创作满腔的热爱开始做视频，做到一定的规模，就开始全职做YouTube产品了。

比如博主阿里·阿布达尔（Ali Abdaal），他之前是英国剑桥大学毕业的医生，分享个人成长、效率提升方面的内容，影响力大了以后，开始接广告、做课程、做培训，后来辞职转型，全职做YouTube产品，在关注量近三百万人时，他的年收入近五百万美元。

另一种思路是专业人士路线。走专业人士路线的人，往往带着产品入局，一开始注册自媒体账号的目标就非常明确，那就是为他们的产品吸引客户。

他们从第一天起就知道要通过什么来赚钱。自媒体内容全部都是围绕潜在客群感兴趣的话题来创作的。

比如，如果你是心理咨询师，产品是面向大众的心理课程，那么你分享的话题，应该都是围绕对心理咨询有需求的人群感兴趣的话题来创作的，包括如何缓解焦虑、如何获得好的伴侣关系等。

对走专业人士路线的人来说，不需要太多粉丝，就可以有不少客户。如果还懂得如何运营和管理客户关系，在朋友圈、微信好友里有几千个人时，你就能够有非常不错的营收。

我的前同事Emma，知道很多人在转行做数据科学家的时候会遇到很多困难，于是就专门做YouTube内容，教别人准备数据科学家的面试。她一边在Airbnb上班，一边利用业余时间做视频，一年后，她收获了大约一万个粉丝，然后她就辞职了。

当时我听到其他人评论说，"才一万个粉丝就敢辞职，这胆子也太大了。我有十万个粉丝都不敢辞职。"

但是，Emma的粉丝不一样。她走的是专业人士道路，她发布的内容，没有任何和数据科学无关的，虽然只有一万个粉丝，但都是精准的粉丝。

辞职后，Emma先是出售一对一咨询，但是需求实在太旺盛了，于是她开始做自己的视频课。视频课刚上线的时候，她就卖了100多份，一份定价3000多美元。

你要知道，这意味着她在只有一万个粉丝的时候，几天之内就变现了30多万美元，和硅谷资深数据科学家一年的报酬持平。

她选择了一个非常细分的垂直领域，虽然粉丝量不大，但是因为她在垂直领域做到了数一数二的水平，而且正好人们对这个领域有需求，那么她在商业上就能有很大的想象空间。

每天刷视频的人们，可能不觉得做内容有什么技术含量——不就是拍拍视频嘛，谁不会呢？

但是真的有些人能够把自媒体做成事业，这份事业的经济回报不比在我们眼中高大上的高科技公司上班差。而这些人走的路线也不尽相同。

所以，我们需要明确自己想要达到什么目标，通过自媒体做什么，通过我们向世界发声来达到什么效果，思考清楚后再寻找自己的路线，不要听到别人说什么就是什么，条条大路通罗马，找到最适合自己的那条路，然后留在"牌桌上"，长期坚持。

如何让客户排长队，产品不愁卖

我在Instagram上关注了一位"网红"，叫Chriselle Lim。她是一位头部时尚博主，也是个创业者。她是两个孩子的妈妈，有着很强的个人IP，是个美丽又强大的独立新女性。

2022年年初，她在Instagram上宣布了自己离婚的消息。一个多月后，她发布了自己的首款香水产品，取名为"Not your baby"（"不是你的宝贝"）。这款香水产品发布后，我感觉她硬生生地把自己的人生低谷，转化成了强势反弹的跳板。因为，"Not your baby"上市即脱销，一时间成为粉丝们争相抢购的"香饽饽"。

我之所以跟大家分享这个案例，是因为她的做法是教科书级别的。

为什么她的产品上市即脱销？

在她的一系列做法中，有**几个关键点**：

（1）她很有个人风格，个人品牌意识很强。

（2）在产品上市之前一两个月，她做过一连串的动作来预热市场，虽然她在很长一段时间里并没有说自己要卖什么、卖多少钱。

（3）预热了一两个月以后，她宣布了这个产品是什么，告诉大家，什么时间、在哪里可以抢购。

（4）香水正式上市以后，立刻脱销，好评如潮，在此时间段，她在Instagram上发的内容全都是客户的反馈，同时配上各大平台媒体报道。

那么问题就来了——她的一系列动作，具体反映了销售推广的哪几条原则？

这里推荐一本书Oversubscribed，它讲述了一个产品要想上市即脱销，应该遵循的原则。

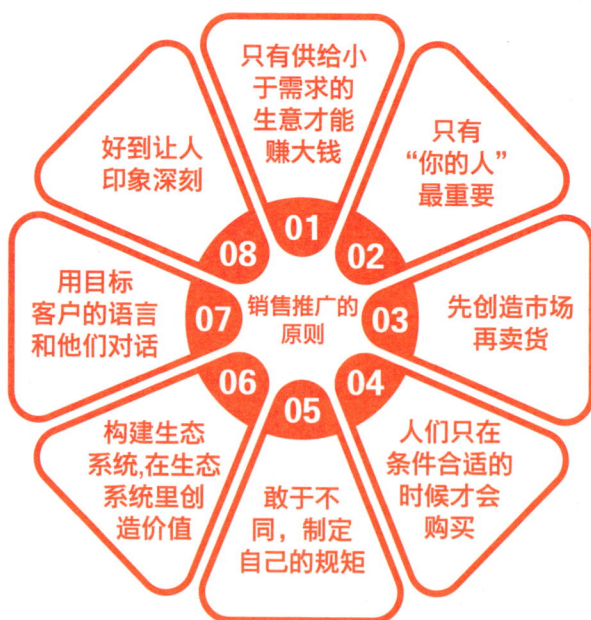

原则一：只有供给小于需求的生意才能赚大钱

要达到这个目的，你并不需要有成千上万个客户购买自己的产品。

在极端情况下，只需要有两个人愿意为你的产品竞价，你就可以收取高价，达到供给小于需求的效果。

这不是很好理解，是吗？因为我们很多人无论做什么事，想的都是"我要拥有更多客户、更多粉丝"。

实际上，你不一定需要那么多粉丝。你的价值对于一小部分人来说比你想象的要高很多。这里的价值可能是你的技能、人脉、资源、见识等。

你需要做的是想办法找到这些人，了解他们需要什么样的服务。

给大家讲讲Gary Vaynerchuk的故事。

Gary Vaynerchuk是6本畅销商业书作者、营销专家。

他在澳大利亚举办过一次线下研讨会，在活动末尾，他说："我可以拍卖一小时的时间，给一位朋友提供一对一的咨询。"

起拍价是500英镑，一开始有很多人参与竞拍，随着价格的升高，留下来的人越来越少。

到最后，价格被仅剩的两个人抬高到了3900英镑，并且还在继续攀升。看起来这两个人都非常想要买到这一小时。

此时，Gary说，"算了算了，这样吧，4000英镑，你们两个人，每人一小时可不可以？"

最后，这两个人各花了4000英镑，非常开心地买到了Gary Vaynerchuk的时间。

如果按照市场价，8000英镑等于Gary服务16个人，每人一小时，各收500英镑。

然而他找到了愿意为他的时间支付高价的客户，摆脱了"市场平均水平"。

他节省了宝贵的14小时，为两位愿意付高价的客户，提供高质量的服务，便实现了相同的收益。

我们大多数人经常犯的一个错误，就是我们总会考虑市场价是多少——别人收多少钱？我只有×××个粉丝，平均来看他们会愿意付多少钱？

但是，我们并不需要让想买的人都能买得到我们的产品。

想要真正赚钱，你要确保对你产品的需求大于供给，然后你去给愿意付高价的人，提供超值的服务。

原则二：只有"你的人"最重要

最重要的人只有"你的人"。

"你的人"，指的是被你吸引的人。也就是说，你需要创造出你的市场。

怎么创造出你的市场呢？

你要和别人不一样，要有独特的解决问题的能力。

举个例子，99%的演员其收入徘徊在温饱线上下，但是总有顶流的人，能够赚到我们想象不到的收益。

知名演员的收入那么高，单纯是因为他们的演技好吗？他们的演技，真的远高于其他同行吗？

他们真正厉害的点，并不是演技比其他演员要高出多少倍，而是他们对某些特定人群的影响力。

他们只要参演一部电影，就能够带动大量的观众为一部电影买单。他们的这个"解决问题的独特能力"，能够帮助一部电影解决没有票房的问题，他们也就自然被趋之若鹜。

我们是在各行各业做事，怎样才能创造出自己的市场呢？有什么不一样的帮助别人解决问题的方法呢？

除创造市场之外，你还可以在现有市场中，划分出自己的市场。

你要给自己定位，找到你想要服务的人群，也就意味着你要舍弃另外的人群。

原则二"只有'你的人'最重要"，还体现在，你只需要对一小部分人来说有名（"famous for a few"）。

我们很多时候追求有多少人用我们的产品、有多少人追随我们，但是很多时候，有几千个"铁杆粉丝"就足够了。

"对一小部分人来说有名"有什么含义呢？

它意味着这些人知道你、喜欢你、信任你。

他们读过关于你的文章，看过你的视频，为你的产品付过费，追随着你在做的事情。

如果你能够找到5000~10000个这样的人，那么你就会有一个供给小于需求的商业。

怎么衡量你对某个人来说比较有名呢？可以参考7-11-4原则：

- **时间长度**：他能够在你的内容上花费至少7小时时间。你的内容，包括你的文章、视频、播客、图片等。

- **触达次数**：他被关于你的信息触达至少11次。

- **触达地点**：他在至少4个不同的平台都看到过你的信息。以自媒体举例，比如用户在小红书、公众号、B站、抖音等平台上都见过你的信息。

按照7-11-4原则，如果你的内容能够满足这样的条件，有足够多的内容、出现足够多的次数、出现在足够多的平台上，那么你就能够在观众心中达到对他来说"有名"的效果。

那么我们作为内容、商品的生产者，或者服务的提供者，怎么做到"对一小部分人来说有名"呢?

这里有个**"5C原则"**：

- **持续重复核心信息**（Consistent and repetitive message）：你不断地、有规律地重复你的核心观点。

- **内容输出**（Content）：你有足够多的内容，包括且不限于文章、视频、播客、书籍、报道。

- **商业生态**（Commercial ecosystem）：你要有自己的产品体系，来满足用户的需求。

- **人设连续**（Continuity）：你的人设要有连续性。如果人们上网搜索你的过去，这些片段能够和现在的你构成一致的"人设"吗?

- **外部合作**（Collaboration）：与人合作。但需要定好规则——什么合作是"Yes"? 什么合作是"No"? 什么应该收费? 什么可以免费?

原则三：先创造市场，再卖货

千万不要一有产品，就着急去卖。

两个影响力差不多的人，在发布同样的产品时，如果两人的发布方式不同，那么他们的发布效果能有天壤之别。

考大家一个**小问题**：假设我们要举办一个"勇士合伙人线下峰会"。你作为主办方，已经确定了时间、地点，还有参与嘉宾，就差开始卖票了。这时，你应该怎么做？

方法1：在各大媒体平台上发推文，将活动详细信息、嘉宾详情通知所有粉丝，呼吁大家立刻开始购票。

或者再稍微动一下脑，给一个早鸟价、一个正价，告诉大家早买可以优惠20%。

这样做有什么问题呢？

你是在找用户要一个"yes or no"的结果，没有预热，没有制造稀缺性，没有制造互动，可能等到开会那一天，你发现你的门票还没卖完。

更好的做法是什么呢？

方法2：你先告诉大家，你有举办线下峰会的想法，然后一点点地跟大家透露新的信息和进展。

隔几天，跟大家说，你找到了一位重磅嘉宾，欢迎大家留言，留下想要和这位嘉宾互动的问题。

再隔几天，再跟大家说，又有一位重磅嘉宾确定加入，和大家一起庆祝，欢迎大家留言提问。

直到这里，你都还没有说活动的详细信息，比如在哪儿举办、门票多少钱，但是人们已经很期待了。

再隔一段时间，你告诉大家门票即将发售，大家可以先预订，先不需要付款。

收集到大家的购票意向之后，你告诉大家，本次活动场地只能容纳200人，但是实际预订人数有300人，所以会有人买不到票。

同时告诉大家，如果希望确保自己能够参加，请在某个日期的早上9点钟去某网站购票，并可以享受打八折的早鸟价。

这个时候，300人里一大半的人大概率都会尽早抢票，剩下的门票可能在一周内就卖光了。

第二种方法之所以更好，是因为你**不断地向用户发出信号，做预热**。因为在做出购买决定之前，人们是需要热身的。

除举办活动可以这样预热外，一些科技公司在发布产品的时候也采用过类似的策略。

比如国外的苹果公司、国内的小米公司，他们在这方面都做得很到位。

特别是小米公司，很擅长在产品发布之前，增加用户的参与感，营造"粉丝亲情"。

原则四：人们只在条件合适的时候才购买

人们不是随时都会购买的。人们做出购买的决定，需要满足一定的条件，而你是那个创造条件的人。

怎么创造条件、让人购买呢？

有两个策略。

第一个策略，故意向用户展示供不应求的情况。

供给是由你掌控的，所以你可以把供给数量降下来，制造出供不应求的错觉。

举个例子，老练的主播是怎么直播带货的呢？

他可能会在讲了几分钟干货以后，跟大家说："本来今天不打算卖课的，不过我看大家这么热情，现在上两件课程吧，就两件，需要的赶紧抢"，于是课程很快就被抢完了。

又播了一会儿以后，他说，"看大家刚才抢得这么积极，我们再多上10件吧，大家这次手速快一点"，于是很快又抢完了。

他真的只有两件、10件商品可以卖吗？

当然不，他是卖录播课的。他就算一次性卖1000件，也不会增加成本。

那么为什么大家会有紧迫感、要抢购呢？

因为这里的供需不平衡，是人为创造出来的。

第二个策略，制定规则，规定你的客户应该在什么时间买、在哪儿买、怎么买。

比如，爱马仕的经典款包包，不是你想买就买得到的。

你要跟他们的服务员搞好关系，买东西的时候还要"配货"。

也就是说，你为了买某一个经典款包包，需要一起购买你本来并不需要的其他爱马仕产品。

合理吗？这还轮不到你说了算，规矩是别人定的。

也正因为有规矩，更在人心中留下了一个品牌很高级、很抢手的印象。

除以上两个基本策略外，你还需要了解用户心理。关于用户心理，一共有四个特点需要注意。

第一，人们不买别人想卖的东西，而是买其他人想买的东西。

人们常常有从众心理。当看到哪家奢侈品店、哪家餐馆外面有人排队时，人们就会觉得这家店的东西更好。既然别人想要，那么自己也想要。

第二，人们从已经购买产品的人那里获得信息来判断一个产品是否值得买。

不要一味地"王婆卖瓜，自卖自夸"，你要卖你的客户成功案例，让你的客户成为舞台上的明星，来帮助你宣传产品。

举个例子，有很多知识付费博主，不会直说他们的产品有多好，但是会经常在社交媒体上说，他的某位客户本来是"零基础小白"，却能在一个月内变现×××万元。

他们着重宣传客户，那么看到这些宣传的人就会想，"我也想成为这样的人"，于是就会考虑购买。

第三，人们不买他们需要的东西，人们会买他们想要的东西。

人不是完全理性的，用好感性因素，能够更好地驱动人们购买。

举个例子，新加坡的人均法拉利购买数量，在全球名列前茅。但是，新加坡的公路限速是90千米/小时，也就是说，理性的人分析一下就会意识到，在新加坡买法拉利，并不能派上多大用场。

但是，新加坡的很多有钱人并不理性，他们就是想买法拉利。因为法拉利象征的是身份地位、生活标准，所以即使"不需要"，他们也"想要"。

再举一个例子，如果你的业务是卖减肥产品，那么可千万别帮人们理性分析"你应该减肥""胖不利于健康"，你那样做，人们是不会买单的。

但是，如果你向人们展示的是变瘦以后的美好生活——你看，那些胖姑娘，减肥成功以后，找对象更容易了，事业更顺利了，生活中的一切都变得更好了。

那么，人们想要过上你描绘的美好生活，就会想要买你的产品。

想想看，你能够为你的产品和服务勾勒怎样的愿景、描绘怎样的生活画面。

要记住，你要用感性去打动用户，而不是用理性去说服用户。

原则五：敢于不同，制定自己的规矩

你不需要跟市场做得一样。你就是应该要有与众不同的地方，才能够吸引独特的观众，创造独特的市场。

怎样做到"敢于不同"呢？

01	创造一个独特的理念
02	敢于承认自己的"失败"
03	让你的客户等你
04	和大多数人的做法背道而驰

第一，创造一个独特的理念。

提到巴菲特，大家想到的就是价值投资；提到马斯克，大家想的就是他要把人类送上火星；提到蒂姆·费里斯，大家就会想到"每周工作四小时"。

想想看，你有什么特别坚持的观点、信念？你可不可以为它创造出一个独特理念，让这个理念成为你的标签？

第二，敢于承认自己的"失败"。

如果手上客户太多，无法接纳新客户，那么你可以告诉他们："我现在供不应求，不能再接新客户了。"

你敢于承认自己无法满足更多用户需求，可能反而会让潜在客户觉得"哇，原来你这么受欢迎"，从而对你更好奇。

第三，让你的客户等你。

这方面做得最好的例子非乔布斯莫属。

以前，苹果每次发布新产品之前，大家就已经开始摩拳擦掌等着购买。

好不容易等到产品发布以后，大家还要在苹果店门外熬夜排队，就为了买到最新款苹果产品。

第四，和大多数人的做法背道而驰。

你所在的行业，有什么事情是大家都认同的做法？

别人在做什么相同的事情？他们是怎么做的？

如果要和他们做的不一样，你可以怎么做，并且能够很好地满足客户的需求？

比如，当别人按小时来收费的时候，你可不可以按照固定价格收费？

当别人都要求客户签一年期合同的时候，你可不可以按月收费，随时可以退出？

别人收费给的东西，你可不可以免费给？

原则六：构建生态系统，在生态系统里创造价值

什么是建立生态系统？

也就是说，**你并不是靠单一产品挣钱的，你有自己的一个体系。**

当然这不是每个人都能做到的，大家一般都是从单一服务、单一产品起步，然后逐步构建自己的生态系统的。

奥普拉·温弗瑞，白手起家的女性亿万富婆之一。她那么有钱，但是你能否说出她到底是靠什么赚钱的？是靠脱口秀？靠广告？靠出席活动？带货？写书？投资？……

她到底靠哪一项业务赚钱，你是说不出来的。因为每一项业务都是她的生态系统的一部分，缺一不可。

构建生态系统的一个方法是，免费给出知识，但是对服务收费。

大大方方地生产免费内容，大大方方地给出知识信息。因为知识不值钱，解决方案才值钱。

越是自动化的、交付轻的产品就越便宜，越是定制化的、交付重的产品就越贵。

在自媒体流量做起来、产品生态构建好以后，流量能够得到有效转化，人的赚钱能力就很强大。

在构建生态系统时需要注意，你要让客户不断地去爬上小台阶，而不是一下子翻过一座高墙。

这一点其实和前一点是关联的。在客户购买产品的时候，我们需要帮助他们去爬小台阶，而不是要求他们一下子就翻过一座高墙。

比如，如果我想购买某个老师的知识付费产品，我很难一下子就决定买几万元，甚至几十万元的服务。

我会先看他的免费内容，先买一些低价课，加深对这个老师的了解，不断地去爬小台阶。

大多数用户都有这样的心理，所以，你要把你的产品生态系统搭建好，提前帮用户设计好小台阶，让他们一步步地走上来，走得踏实，走得舒服。

原则七：用目标客户的语言和他们对话

你要掌握自己的用户数据，通过分析数据，加深对用户群体的了解。

不同平台、不同地域的用户是不一样的，你不能试图用同一种语言和所有人沟通。你要到不同用户活跃的地方，用他们听得懂的语言和他们对话。

比如，在广播刚开始走向大众的年代，美国的罗斯福总统充分利用广播来做"炉边谈话"；在电视机盛行的年代，美国的肯尼迪总统充分利用电视机来做直播。

原则八：好到让人印象深刻

怎么做到"好到让人印象深刻"呢？

第一，你想赚钱，意味着你一开始可能并不赚钱。

比如，Google在刚进入市场的时候，市面上已经有很多搜索引擎，如Altavista, Excite, Yahoo!。

那时，这些竞争对手都会在他们的主页上放很多广告，因为这是他们赚钱的主要方式。但是，这导致了一个问题，那就是网页加载速度缓慢。

然而，Google的首页是极其简洁的，大家都知道，Google的首页只有一个搜索框和一个Logo。

Google没有在主页广告上赚钱，看起来损失了很多收入。但是Google网站因为简洁，所以加载速度更快，用户体验更好。

随着时间的推移，Google的优势越来越明显。虽然Google一开始没有赚钱，但是后来却取得了巨大的成功。

Google其他的产品也保持相同的思路——致力于提供价值，一开始不着急赚钱，等产品做起来以后，再去商业化。

第二，建立强大的个人品牌。

个人品牌为什么重要？因为人们天生更容易相信另一个人，而不是一家公司。

你看，大家提到格力就想到董明珠，大家提到小米就想到雷军，提到华为就想到任正非。

但是还有很多企业，没有这样一个标志性人物，缺少这样一个人，也就失去了品牌的温度。

很多用户买小米的产品，是因为喜欢雷军。很多人关注格力，是因为关注董明珠。

所以，不管你是要卖产品还是服务，都需要注重打造一个强大的个人品牌。

第三，测一测，你能通过"搜索引擎测试"吗？

它的意思是说，人们在了解一个人的时候，会在网络上去搜索有关这个人的一切信息。

这也就意味着，搜索结果中展示出来的你的形象，就是你在别人心中的形象。

你过去做过的所有事情，都不会被网络遗忘，都会出现在搜索结果中。

所以**我们做商业、做产品、做服务，最重要的是做一个好人。**

如果你知道你做过的所有事情，都会出现在搜索结果中，你会怎样做你手上的事情？

不管本章前面讲了多少技巧、策略，最根本的是，你要做一个好人。

第8章

合作伙伴：不要拉人上路，要在路上找人

我的团队搭建之路

在创业过程中，寻找合作伙伴是几乎每位创业者都会遇到的问题。有些人可能在创业初期就需要找到合作伙伴，而有些人则是在业务发展到一定阶段后才开始考虑这个问题。我在"裸辞"、全身心投入自媒体创业之前，曾经做过两个项目，一个是跨境电商项目，另一个是跨境物流领域的软件开发项目。这些经历让我对合作伙伴的重要性有了更深刻的理解，同时也让我意识到，不同的创业模式对合作伙伴的需求是完全不同的。

在做跨境电商项目的时候，我的"团队"只有我一个人。

当时项目规模不大，主要任务是从国内找货源，将商品卖到国

外。我需要做的事情无非是找货、拍照、上架、发货等操作。这种模式在创业初期非常适合单打独斗，一个人就可以快速跑通整个流程。由于没有其他人与我一起商量决策，也没有复杂的分工问题，项目启动得很快。

由于我只是想尝试尝试，并没有想把跨境电商作为一份重要事业，所以并没有计划扩大业务规模。如果业务规模扩大，那么我也许会招募团队人员。但是在我当时所处的项目早期阶段，完全不需要。

在做跨境电商项目的过程中，我发现跨境物流行业存在许多痛点，比如不透明的定价、复杂的流程、基本不存在的理赔环节等。

一开始，我用在线电子表格统计信息，后来意识到最好还是搭建一个网站，向用户征集信息，解决跨境物流领域信息不透明的问题。

这意味着，我需要进入一个自己并不擅长的领域——网站开发。所以，在这个项目中，我开始组建团队。

我首先找来一位技术伙伴，负责软件开发。随后，我通过社交网站找到了一位对跨境物流行业有深刻理解的女生，她对行业现状的不透明和低效感到痛恨，愿意加入团队担任项目经理，负责与物流供应商对接。过了几个月，我们还邀请了一位设计师，负责网站的界面设计。我本人则担任统筹规划的角色，负责整体规划和资源协调。

尽管我们组建了一个小团队，但项目最终还是不算成功。虽然我们确实切中了行业的某些痛点，但我们并没有兴趣去成为跨境物流行业的专家，也没有能力去改变这个行业。项目运行了近一年，始终未能带来可观的收益，最终小团队解散了。

"在把热爱变成事业的路上和对的人结伴前行"

在路上找人，

而不是拉人上路。

创业本身就是一个不断学习和进化的过程，而不是逃避难题。

自媒体创业，一个人就能启动

在决定"裸辞"投身自媒体创业之后，我发现，这种创业模式与科技创业模式完全不同。自媒体创业是一个非常典型的"不需要合作伙伴也能起步"的领域，因为在初期，自媒体创业的核心能力完全可以集中在一个人身上。

（1）**产品打造能力**：找到用户需求，并设计出匹配需求的产品。

（2）**内容创作能力**：持续稳定输出优质内容，获取流量。

（3）**产品销售能力**：在自媒体创业初期，内容创作和销售几乎是合二为一的，你的内容就是你的销售工具。只要突破"不敢卖"的心理卡点，销售策略并不难掌握。

唯一可能需要其他人支持的地方，是在你推出批量交付的课程产品之后的交付和运营环节。假设你的产品是带有社群服务的线上课程，那么，课程的社群运营以及一部分答疑互动工作，会需要他人来支持。因为你能做好招生、备课、讲课、答疑就已经很厉害了，其他运营上的事情，你很难有精力同时做好。

但是这些需求通常在创业中期，即当你的业务已经发展到一定规模时才会出现。在早期阶段，自媒体创业完全可以由一个人独立完成。

对于自媒体创业者来说，硅谷创业的那一套"必须找到联合创始人"的思路并不适用。尤其是在项目刚刚起步的时候，找合伙人不仅没有必要，反而可能拖慢进度。毕竟，在项目还没有明确方向和验证市场需求之前，任何决策上的分歧都可能让事情变得复杂。

因此，我的建议是：在自媒体创业的初期，自己要在业务中占据主导位置，推动事情发展，而不是等待别人的确认或依赖他人的支持。

在路上找人，而不是拉人上路

我的经验是，自媒体创业者最靠谱的做事方式是先把事情启动起来，再根据需求招募合适的团队成员。

在我创业的前几个月，内容输出、社群运营、知识星球产品的交付、对接商务、视频剪辑、运营各大平台上的账号、排版编辑文章这些工作全部是我自己完成的，也就是说，没有任何一个业务环节是我不了解的。

随着业务的发展，我开始推出课程产品，这时才正式组建团队。团队成员大多来自我的学员，因为他们熟悉课程内容和用户需求，能够快速上手工作。同时，他们与我的价值观高度契合，沟通成本极低。这种从内部成长起来的团队模式，确保了执行效率和团队稳定性。

当然，团队成员有流动，这是正常的。小团队的方向经常会根据市场需求调整，因此人员的更迭不可避免。

比如，在"裸辞"创业初期，我主要做的事情之一是每周一次的创业者访谈，这个时候，有几位粉丝愿意做志愿者协调沟通，因为他们对创业访谈感兴趣，希望多链接优质人脉。后来我意识到，以我当时的影响力，创业者访谈在商业上很难走通，于是放弃了这条道路，转型去做自媒体培训，这个时候，对创业访谈感兴趣的志愿者自然就离开了，这非常正常。

从我的创业经历来看，在不同领域创业，是否需要合伙人、什么时候组建团队取决于项目的性质和需求。自媒体创业是最适合一个人启动的创业方式，建议首先熟悉各个环节的工作，然后当你的业务变得繁忙、时间变得昂贵时，你可以花钱把一部分工作分出去，比如外包视频剪辑、招募社群运营助手、付咨询费请专家帮你设计打磨课程等，但是这些外部支持人员并不是你公司的"合伙人"，你的事业的最终负责人一定要是你自己。

当你的业务做大以后，有一天你会感到自己的时间精力已经绷到极限。这时，你需要把精力聚焦在你最擅长的板块，有可能是做内容、做产品。然后，渐渐地，后端的运营、交付，甚至销售工作，你都会逐步分出去，交给专人打理，借助人力杠杆，把业务进一步做大。

珍惜那些能够长期陪伴你披荆斩棘的伙伴吧，同时也要坦然接受团队的人员流动。创业是一个不断试错和调整的过程，只有在路上找到真正适合的人，才能一起走得更远。

起步阶段，你一个人就是一支队伍

Y Combinator的创始人保罗·格雷厄姆（Paul Graham）说过，Y Combinator偏好于投资有联合创始人的团队，原因是："一个人创业很艰难，有合伙人更有可能成功。"但是Y Combinator所说的"成功"，是在将来成为独角兽、成功上市。

而在当下，小而美创业将越来越成为主流，一人公司也会越来越常见。

对于一家小而美公司来说，重要的不是追求融资上市，而是创始人顺应心意，做自己热爱的事情，活出理想的人生状态，即去发现自己喜欢、擅长做什么事情，然后把它变成事业。

于是，要自我探索、找到方向，然后在需要的领域找到专业的顾问，在自己遇到问题的时候可以向专家请教，但不是从一开始就要找到联合创始人、合伙人。

具体怎么做呢？

以教育培训类业务为例，我们可以把一个项目拆分成四大板块：**产品打造、内容流量、销售转化、交付运营。**

一个项目的四大板块

产品打造　内容流量　销售转化　交付运营

这四大板块，在创业的不同阶段的重要性并不相同，要求也不尽相同。创始人本人应该具备跑通每一个板块的能力，然后再通过团队来复制、放大自己的能力，让业务得以扩张。

这里我们分别以一个实体产品和一个教育培训产品为例。

比如，我的学员Fortune，作为福庆新中式面点的创始人，她在创业早期非常清楚自己喜欢做面点、愿意花时间去研究，但是并不确定自己能不能做好面点，也不确定做好的面点能否卖得出去。于是她先提升自己的面点制作水平，能够做出光滑好看的新中式馒头，然后在亲戚朋友的生日宴席上提供面点，宣传自己的产品，她发现有很多人咨询、购买她的产品。

在验证了市场需求以后，她知道这条路行得通，于是开始认真对待卖新中式面点这件事，并且在小红书、微信上宣传推广，一步一步把店铺开了起来，把自媒体账号和私域社群也经营了起来。

随着客户数量越来越多，她开始招募助手，从而解放时间，提高产能，服务更多的客户。

再比如，一个做教育培训业务的人，在创业早期，产品开发、短视频获客、客服接待工作，很可能都集中在他本人身上。当自己跑通了整个流程之后，他才开始根据自己的需要来扩张团队，逐渐把非核心板块一点一点分出去，解放自己的时间，把精力投入到能够创造更大价值的地方，比如探索新的战略方向、获取更多客户等。

相反，如果在事情八字还没有一撇的时候就拉合伙人加入，很多情况下结果都会是分道扬镳。在创业的初期，推翻想法、调整方向是非常常见的。一个人调整方向是容易的，而人一多就容易出现意见不合的情况。

我有一个博主朋友，也依托于自媒体平台创业，在创业之初找到一个人合伙，她负责做内容、引流获客，另一个人负责商务对接，两个人成立了一家公司，账号归属于公司。

后来，两个人对公司业务发展方向产生了分歧，迭加利益分配等种种原因，闹得不欢而散。我这位朋友计划退出公司，然而对方告诉她，"你可以走人，但是账号是公司的。"她这才意识到，自己辛辛苦苦做了几十万个粉丝的账号并不属于她。没办法，她还是离开了公司。

后来她独立创业，重新注册账号，重新做内容引流获客，同时在业务发展的过程中，逐步搭建起自己的新团队。虽然走了几年弯路，好在她的获客能力很强，现在结果还不错。

这就是为什么，我强烈建议你在路上找人，而不要拉人上路。抛开依赖别人的想法，你完全可以跑通早期的业务闭环。而当你业务跑顺了，需要扩张团队的时候，更强的人会被吸引到你的身边来助力。

因为团队人员可以变化，业务方向可以调整，但是你把热爱变成事业的目标始终不能变。

在业务规模扩大时，如何找到合作伙伴

恭喜你，已经完成了从0到1的阶段，进入了扩张团队的阶段。

在发展业务时，如何找到合作伙伴？答案还是，在路上找

人，而不是拉人上路。

当业务逐渐扩展后，找到合适的合作伙伴是成功的重要因素。很多小而美创业者在这一过程中往往会走入误区，急于找人合作，期望对方能弥补自身的短板，甚至将关键任务全部外包出去。然而，真正聪明的创业者并不会盲目拉人上路，而是选择在"路上找人"——在自己已经开始行动并有成绩的情况下，找到能与自己步调一致的合作伙伴。以下是一些具体的方法与案例，帮助你在扩展业务时正确选择合作伙伴，避开常见的陷阱。

1. 早期创业时，先找"教练"而非"合伙人"

在创业早期，你最需要的并不是一个直接的合作伙伴，而是能够弥补你的短板的"教练"或"助理"。这种选择的逻辑很简单：你自己才是"C位"选手，业务的核心在于你本人的执行与成长。通过找人来弥补认知盲区，帮助自己节省时间、减少错误，才能更快地推进业务发展。

在自媒体创业早期，我完全不会做直播，也不知道如何做出一门好课。于是我找到了自己认可的主播，花费几千元买下对方的课程，跟随学习如何做好直播。同时，我又找了一个在产品打造和营销方面拿到结果的前辈，花费数万元请她做我的教练，一对一指导我如何设计、打磨、销售一门知识付费课程。

其实我在做出付费决策的时候十分谨慎，毕竟在还没赚到什么钱的时候就花掉数万元，对我来说不是一个小数字。但是这笔投资对我来说超值，因为我借力专家的智慧，帮助自己少走了至少半年的弯路。当我的课程顺利推向市场的时候，这笔投资就翻倍赚回来了。

后来，我每年都会根据自己当前的需求，向国内外的前辈、老师们付费，学习他们的宝贵经验，然后运用在自己的业务中，最后结合自身业务特点，形成一套独特的方法论，帮助更多比我晚走几步的学员。

千万不要以为自己不懂某个领域，就可以直接找人帮你"全权负责"。打造个人IP、启动自媒体小而美创业，你需要尽可能成为"六边形战士"，减少明显的短板，尤其是在与业务结果直接相关的关键领域。你的"不懂""不会"，就是你的软肋，未来某一天，你可能会在那里摔跤。

创业本身就是一个不断学习和进化的过程，我们不应逃避难题。

2. 业务成型时，才是找人合作的最佳时机

当你的业务逐渐成形，有了相对清晰的任务分工和目标时，才是找人合作的最佳时机。有分工才能有目标、考核和激励机制。只有明确了每个人的职责、目标及绩效考核方式，才能有效管理合作关系。

在这个阶段，不要盲目扩张团队，应把能节省自己时间精力成本的事情优先分担出去，但必要的工作还是需要自己来。对于自媒体创业者来说，必要的工作可能是创作内容、直播销售、和有影响力的人建立链接、把控产品的关键交付节点等。

一般来说，对于自媒体小而美创业者来说，在**产品打造、内容流量、销售转化、交付运营**四大环节中，首先可以分出去的是交付运营，最后能分出去的是内容流量。

产品一旦成型，就可以交给团队去运营和交付。

销售转化一开始主要依靠创始人本人的朋友圈、视频、直播来完成，但是当业务环节跑通以后，也可以通过找到合适的人才、运用合适的方式来分出去。比如请别人来运营微信号，由他们来发朋友圈、一对一私信跟进销售。

产品打造往往由你作为创始人来主导，但是它不会在短期内变化很大。

相对来说更难分出去的是内容流量，因为现在内容的主要传播方式是视频，而视频天然需要一个人出镜、分享观点和喜怒哀乐。那么内容大概率需要出自这个镜头前的人，要表达他想表达的意思，也就是表达你本人的意思。

我尝试过几次招募内容运营，请人帮我搞定文案，后来发现更适合招募的人才是收集整理信息的人才，而不是帮我写稿子的人才。因为别人写完稿子，我总是要改了又改，结果并没有节省多少时间。这完全可以理解，毕竟除了你自己，还有谁会更了解你的想法呢？

3. 创业新手的常见错误：单纯依靠情感驱动合作

新手创业者最常犯的错误之一就是单纯依靠情感驱动合作，缺少明确的规则和边界。

你可能出于对伙伴的信任，很快确定合作，却没有制定明确的责任划分与合作规则。这种情感驱动的合作往往在开始时看似和谐，但一旦遇到职责冲突、利益分配矛盾等问题，就很容易陷入僵局。

小而美创业的小团队需要彼此之间信任，需要能够看见他人的付出，但是既然是商业，就少不了规则。

曾经有学员向我咨询："凯莉老师，我觉得你的团队伙伴很给力，为什么我的团队伙伴做事老是出错，也不能按时完成工作，总是需要我去帮他们把事情做好？"

我问："你的团队伙伴是怎么招的？"

她说："都是我早期的学员，一起走过来的，大家感情很深。"

"感情深"，但是没有设定规则，那么犯错和不按时完成工作就成了被允许的行为，最后累的是自己，没什么好抱怨的。

在遇到可以通过沟通解决的问题时，我们可以多多沟通。但是如果团队伙伴确实不能胜任工作，或者有其他不可调和的矛盾，那么快刀斩乱麻结束合作，要远好过用感情强撑着继续一起走。

有句英文俗语："招人宜慢，开人宜快。"（Hire slow, fire fast.）选择和一个人合作要经过谨慎细致的考虑，但是如果确认不合适，那么果断结束合作。不耽误彼此的时间，果断体面地"分手"，才是对双方最好的结局。

4. 分蛋糕的艺术：先确保自己能满意

当你与合作伙伴进行利益分配时，记住一个核心原则：分钱的本质是分蛋糕，大家都说老板应该大方对待自己的团队成员，这里我要提醒你，先确保自己能留下那份让自己满意的蛋糕。

因为如果你对自己的利益分配不满意，就会很难继续投入到业务中。作为老板，你需要在分享的同时，也保证对得起自己的付出。

一个自媒体创业朋友，开了一门线上课，自己负责课程设计、招生、讲课，然后她给自己找了一个助手，负责维护社群，一开始，她也不知道怎么分钱合理，就自己琢磨着给对方分30%的收入，对方相当于她这门线上课的合伙人。课程开了一两期之后，我这位朋友就不想继续开下去了，觉得自己丧失了动力，而丧失动力的原因就是不合理的利益分配。

她低估了招生的难度，辛辛苦苦又是发朋友圈、短视频，又是做直播，好不容易招到一期学生，备课授课也是她来完成，对方只需要在开课后执行好社群运营任务，就分走了近三分之一的收入。她觉得分配方式不合理，但是两个人一开始已经谈妥，不那么容易改变了，于是她就越来越不想干了。

你的业务最终是你的业务，如果你不干了，你的业务就"死"了。对团队大方能够调动大家的积极性，但是更重要的是你自己能持续干下去，所以我需要专门提醒这一点。

5. 合作中的责任与利益对等

作为老板，你必须学会让每个合作伙伴都赚到他们应该赚到的那份钱，同时承担相应的责任。利益与责任必须对等，只有这样，合作关系才能持久而健康。

例如，如果某人负责社群运营，那么他的权利范围应该覆盖社群运营的决策权，同时他也需要承担相应的责任，并获得与之匹配的利益。

如果把线上业务分为**产品打造、内容流量、销售转化、交付运营**四个板块，那么对于一个 To C 的课程来说，能够持续稳定地招生是最难的，也就是说，内容流量、销售转化是对结果影响最大的板块，自然也在利益分配中占据重要地位。

相比之下，产品打造往往是一次性的工作，而交付运营是在招募到学生以后再去进行的，二者的利益分配比例，比内容流量和销售转化加在一起要低。

6. 好的合作关系是双赢的

段永平经常提到"本分"，本分的意思就是不占人便宜，长期可持续的生意一定是多赢的。至于什么叫公平，人和人之间是有一个感觉的，特别计较的人也很难一起共事，价值观和分钱都得让双方满意。

一个理想的合作关系，应该是能让双方的关系升华的。合作不仅仅是利益的交换，还需要友爱、陪伴、同理心。同时，这种关系还必须建立在清晰的规则、边界和目标管理的基础上。只谈情感没有规则的合作，最终只会走向失衡；只谈规则没有情感的合作，大家只是互相利用，很难走得长远。

那么，如何找到靠谱的合作伙伴？

要找到靠谱的合作伙伴，前提是你自己足够靠谱。你需要展示你的价值、能力和诚信，才能吸引到同样优秀的人加入你的团队。

在小而美创业团队中，"选人"尤为重要。我将我们团队在这方面的经验总结为两个关键点：

1. 价值观一致

价值观一致是愉快合作的基础。我们团队的大部分成员都是从学员中筛选出来的，因为这些人对我们的理念和目标有深刻的理解。而且因为有高度的价值观认同感，所以他们喜欢和我一起做事，希望把事情做好，所以做事情非常负责。这是价值观层面的驱动力。光是给钱，是不足以支撑一个人全心投入、做到这个水平的。

2. 能力互补

能力互补是团队高效运作的关键。例如，我自己比较理性，擅长规划和高效执行，但在情感链接上稍显不足。所以我更倾向于找一些性格温暖、走心的小伙伴来互补，在理性之外增加情感温度。

在选人时，你可以问问自己：**我的强项是什么？团队中还缺少**

哪些能力？ 如果你是推动型的领导者，那么可以找一位擅长安抚团队情绪的人；如果你是创意型的领导者，那么可以找一位擅长执行的人。

如果遇到不靠谱、不合适的合作伙伴，还是谨记那句话，"招人宜慢，开人宜快。"（Hire slow, fire fast.）

创业合作的关键不在于尽早找人加入，而是在你不断成长的过程中吸引到合适的人。当你变得更强大时，你自然会吸引到更合适、更优秀的人才。

在刚"裸辞"不久时，我曾经尝试对外发布招聘信息，收到的申请质量远不如两年以后。这不仅是因为我们的影响力增加了，也是因为我们提升了自己的实力和团队的吸引力。

所以，不要急于拉人上路。小而美创业之旅虽然不易，但如果在路上遇到与自己步调一致的伙伴，你可以事半功倍，走得更远。

借助非雇佣关系，搭建合作关系网

很多人好奇我是如何聚集一群小伙伴，通过兼职合作的方式，把小而美自媒体商业模式搭建起来的。下面我想分享一下自己的经验和思考。

自2022年创业以来，在接近三年的时间里，我从未雇用过任何全职员工。团队中的所有成员，都是以兼职的方式进行合作的。而这样的模式，不仅让我在创业初期保持了灵活性，也帮助我规避了许多传统团队管理中的难题。

在创业路上，我确实见过不少朋友因为全职雇用员工而面临困境。比如我在硅谷的一位前同事，她在"裸辞"创业时一开始就雇用了3～4位全职员工，后来扩张到6～7位。然而，随着业务方向的调整，她发现团队规模过大，固定的人力成本成了巨大的压力。即便需要缩减团队规模，她也觉得解除雇佣关系是一件非常有负担的事情。这种压力，让她在业务调整期举步维艰。

很多人觉得，创业就必须要有一个团队，而这个团队必须由全职员工组成，否则谁会愿意为你工作呢？但事实上，在当前这个时代，这种观念已经不再适用。随着自由职业和灵活用工的兴起，非全职的合作模式正在变得越来越普遍。

我曾与Airbnb前同事莱尼·拉奇茨基（Lenny Rachitsky）交流过，他是海外商业播客和Substack付费专栏的头部博主，目前光是通过付费专栏获得的年收入，就稳定在150万美元以上。当我问起他的团队组成时，他告诉我，他没有雇用任何全职员工。他的团队完全由兼职合作伙伴组成，比如社群管理人员、视频剪辑师等，但这些人与他都不是长期绑定的关系。

这样的模式有一个很大的优势：灵活且高效。因为合作是按工作量结算的，职责明确，工作完成就支付报酬，不需要承担固定的工资成本。这种模式避免了全职雇佣关系中常见的问题，比如员工工作效率低下、固定开支给老板的心理压力等。

对于小而美创业团队来说，工作量通常是不稳定的。如果雇用全职员工，那么每个月都要支付固定薪资，即使员工工作量很小，依然需要支出较大的人力成本。而兼职合作模式则完全不同：工作量大时可以增加合作伙伴，工作量小时则减少支出，灵活调整，完全不会有冗余负担。

以我的团队为例，目前有不到10人，所有人都是以兼职的形式合作的。比如，我们的视频剪辑师并不是全职员工，因为视频剪辑的工作量并不稳定。忙的时候一天需要剪辑一两条视频，闲的时候，一两周都没有任务。我们按照工作量结算报酬，这样既不会给对方造成压力，也不会给我们团队增加不必要的成本。如果剪辑师有精力，他完全可以同时为其他团队工作，而我们也可以随时找到其他剪辑师合作，彼此之间是非常灵活的多对多关系。

再比如课程运营的工作，我们也不是按照固定工资的形式支付报酬的，而是根据课程的开课情况来结算的。如果这个月需要开课，就按课程的工作量支付；如果这个月没有开课，就没有支出。这样一来，既能保证多劳多得，也能在工作量小的时候降低成本。对于我们来说，这种方式灵活高效；对于合作伙伴来说，他们也不需要朝九晚五打卡，可以自由安排时间，专注于完成工作成果。

现在，无论是国内还是国外，都有很多平台可以帮助你找到非全职的合作伙伴。比如，国内有一些聚集自由职业者的论坛或公众号，国外则有Upwork、Fiverr等平台。通过这些渠道，你可以找到全球各地的自由职业者，帮你写内容、剪视频、运营社群等。他们不需要在你的办公室工作，也不需要遵循固定的上下班时间，只需要按时交付高质量的工作成果即可。

此刻，你的剪辑师可能正在巴厘岛旅居，但这并不影响他按时交付剪辑好的视频。对于合作双方来说，都不需要承担额外的心理压力。雇主不必为员工的全职福利负责，而自由职业者也可以根据自己的时间安排接单，双方的关系更像是合作伙伴，而不是传统的雇佣关系。

随着小而美商业模式的普及，我相信这种非全职的合作关系会变得越来越主流。它不仅让创业者可以更灵活地控制成本，还让自由职业者能够更自由地安排自己的生活和工作。这种合作网络可以根据需求时大时小，整体成本可控，也不需要承担传统雇佣关系中的复杂义务。

对于我来说，这种模式不仅让我能够专注于业务本身，也让我在团队管理上更加轻松。没有了固定的雇佣关系，我可以把更多的时间和精力放在如何优化工作流程、提升内容质量上，而不是被管理团队拖累。

如果你正在考虑创业，那么不妨尝试用兼职合作的方式组建团队。不要被传统的"全职雇佣团队"思维束缚住，相信我，这种灵活的合作模式会让你在创业初期更加轻松。未来的工作方式将更加自由，非雇佣关系也将会越来越普遍。

第9章
做对的事情，你一辈子都不想退休

借助杠杆，等待复利的奇迹

2020年，疫情席卷全球，硅谷的科技公司纷纷开启了居家办公模式。正是在那段特殊的日子里，我养成了一个习惯——在吃饭时看YouTube视频。那时，我偶然发现了一位名叫阿里·阿布达尔（Ali Abdaal）的博主。他是一位剑桥大学的医学生，即将毕业成为一名医生，却在YouTube上分享如何提升生产力的视频。那时的他，粉丝刚过百万，收入主要来自YouTube广告、视频植入和几门录播课。

时间如流水，我忙于自己的创业项目，渐渐地看他的视频较少了。但每隔一段时间，当我再次点开他的频道时，总能感受到一种无形的力量——复利效应。2023年，他的粉丝突破300万；2024年，这个数字飙升至500万。他的收入也随之飙升：从2017年的净亏损5 154美元，到2021年、2022年的净利润超过200万美元。营收从最初的2美元，一路攀升至2022年的460万美元。

然而，你要知道，他在前两年几乎无人问津，收入微薄。直到第三年，他才真正迎来了爆发式增长。未来，这种增长只会更快，前提是他一直留在"牌桌上"。

但作为局中人，阿里或许并不觉得自己的业务在"陡峭增长"。因为对他来说，每一天的耕耘都是在指数曲线上日进一寸。指数曲线的神奇之处在于，无论你处于哪个局部，变化都不够"陡峭"。你甚至不会意识到自己正经历着指数级的变化，但它的确每天都在悄然发生。直到某一天，蓦然回首，你才会惊觉：原来，自己已经走了那么远。

另一个故事来自独立开发者彼得·莱弗斯（Pieter Levels）。他凭借一己之力，开发了70多个软件工具，其中有10个为他带来了可观的收入。通过这10个工具，他每月的被动收入高达21万美元。他的自媒体经营得同样出色，在Twitter上有粉丝近百万。这些粉丝不仅帮助他建立了个人品牌，还为他新产品的冷启动提供了强大的支持。

这两个故事有一个共同点：他们都巧妙地运用了杠杆，放大了自己的成果。无论是运用数字杠杆、资本杠杆，还是运用人力杠杆，他们都找到了属于自己的支点。

《纳瓦尔宝典》中有一句话："致富的捷径就是要会用杠杆。"在人工智能时代，三大杠杆——人力杠杆、资本杠杆和数字杠杆——尤为重要。

人力杠杆	资本杠杆	数字杠杆

人力杠杆

在人工智能时代，除数字杠杆的深化外，人力杠杆也会发生新的变化。特别是对于中小企业而言，使用在线兼职和独立顾问成为扩大人力杠杆的重要手段。远程工作与兼职模式，让企业能够灵活运用这类杠杆，极大地提高工作效率和产出。

资本杠杆

遍览最富有的人群，你就会发现，最有钱的人是银行家、腐败国家的政客，他们本质上都是可以动用大量资金的人。再看看大型公司的高层，除科技公司外，绝大多数老牌大型公司的首席执行官其实都在做财务工作。

资本杠杆的放大效应非常明显。管理资本要比管理人更容易，因为随着资本的不断增长，其管理难度会远远低于管理不断扩张的团队。

数字杠杆

数字杠杆是"复制边际成本为零"的产品，包括书籍、媒体、电影、代码等。

这是一种全新的杠杆形式，问世仅几百年。这种杠杆始于印刷机。广播媒体加速了其发展，而互联网和编程的出现更是使其产生了爆发式增长。不需要他人为你打工，也不需要他人给你投资，你就可以把劳动成果放大成百上千倍。

数字杠杆最重要的特点之一就是，使用它们或获得成功都无须经过他人的许可。要使用劳动力杠杆，就得有人决定追随你。要使用资本杠杆，就得有人给你提供资金。而数字杠杆不需要经过任何人的允许，你一个人就可以利用起来。

与其他杠杆不同，数字杠杆可以通过传播内容的无限复制来实现财富的几何级增长。例如，一条爆款视频、一篇病毒式传播的文章或一个成功的应用程序，都能以极低的边际成本覆盖海量受众，从而创造惊人的回报。

说实话，现在这个时代，有什么杠杆是每一个普通人都有机会把握的呢？

除数字杠杆里的自媒体之外，我还真找不到第二个。

自媒体的门槛有多低呢？只要你有一部手机，有一个可以录音、录像的设备，就能够撬动这个杠杆。而其他的杠杆，比如代码杠杆，需要你会写代码；比如电影、书籍这些创作形式，门槛更高；再比如资本杠杆，需要你有资源、有资金；或者人力杠杆，需要别人为你打工。这些杠杆无一例外都有更高的门槛。

然而，哪怕是这个触手可及的自媒体杠杆，真正把握住它的依然是少数人。

根据统计数据，在所有自媒体平台的用户中，有80%～90%的人是内容消费者，只有10%～20%的人是内容创造者。换句话说，在这个自媒体的游戏里，绝大多数人在花时间消费别人的视频、文章、直播等内容，而只有不到20%的人，在利用这个工具撬动数字杠杆，打造个人影响力，为自己积累数字资产。

我经常在直播间问观众们："想做自媒体但还没有开始的小伙伴，请按数字0。"

每次的回答结果总是一样的——绝大多数人都在屏幕前按下了数字0。

然后我会问："你为什么还没有开始呢？"理由五花八门：

- "我不知道该做什么定位。"
- "我不知道怎么下手。"
- "我害怕失败。"
- "我想做的事情太多了。"
- "我不想真人出镜。"

有些人告诉我，他们已经想了一年，甚至三年、五年，但始终没有迈出第一步。每次听到这些声音时，我都为他们感到惋惜，因为他们和机会就这样擦肩而过。

对于普通人而言，不管你热爱什么，都可以借助自媒体帮助你十倍、百倍地放大你的影响力，让你被更多人看见、信任、追随，从而把自己的热爱变成一份事业，过上理想的生活。

很多人觉得做自媒体太卷了，但事实是，现在，就是最好的时机。

我在2020年注册了账号，在2022年开始认真经营，在两年时间里积累近百万粉丝，并且通过自媒体商业获得了超过之前在硅谷打工时的经济回报，还收获了大量有价值的资源和人脉链接。

在不同的时间点，总有人觉得某个领域很卷，但是如果大的浪潮基本面成立，那么这个趋势还会持续很长时间。

对于数字杠杆，我们不能只看现在卷不卷，而要考虑它未来

10年、20年是否还会长期存在。如果会，那么现在进入仍能享受红利。

在人工智能时代，数字杠杆的利用效率会进一步提升，利用门槛会进一步降低。随着技术发展，自动加工、剪辑视频将会变得更加容易，普通人制作视频的门槛将会更低。

时代的趋势不会因为个人的顾虑而改变。谁能放下内心的包袱，脱下"孔乙己的长衫"，融入这个时代，谁就能在数字经济中获得可观的回报。

撬动数字杠杆的大门今天还在敞开着，但我们不敢说，它永远都在那里等你做好准备。

最关键的从来不是等到"准备好了的时候"。要想出来混，最重要的是"出来"。

从现在开始，成为那个能抓住机会的人。

"向往自由的
热爱的 活出 理想人生
我度过了
非常 的 一生
精彩
此生无憾"

我根本不该在乎别人的看法，

我不为别人的评价而活。

做你热爱的事情，

你就永远不会感觉到自己在工作。

相信我，你一定不会失败

妥协于平庸，安于过一种辜负自己潜力的生活，你永远不会找到内心的热情。

——曼德拉

前段时间，一个朋友约我见面。她在Meta公司上班，是个职业发展一路顺风顺水的程序员——她本科毕业于名校，毕业后进入Meta，一路升职加薪，是外人眼中非常成功的典范。然而，前段时间她却选择了"裸辞"，因为她开始质疑自己每天工作的意义。

在我们见面时，她问我："你有没有想过，出来创业可能会失败？"

我说："我从来没有想过我会失败。"

"啊，为什么？"

"如果事情还没有成功，那只是因为还没有到结局，再多尝试一次就好了。就算暂时失败，我也可以再尝试，我相信最终一定能成功。尝试的次数多了，成功的概率自然也就大了。"

我继续解释道："我看到很多人已经在自媒体小而美创业之路上取得了成功。借助自媒体，我链接到了原来完全不同的人群，看到了他们的成功。所以我知道，这条路没有那么难走，关键在于把事情做对，然后自媒体杠杆就会发挥它的威力。路径就在那里，为什么会失败呢？如果失败了，那肯定是我哪里做得不够好，我只需要去优化那个环节就可以了。我对自己有十足的信心，这不是盲目地自大，而是通过过去的经历一点一滴积累起来的信心。"

我回忆起自己转型成为数据科学家的经历。那时我投了475封简历，用了一年的时间学习、深造，面试了50家公司，全部被拒，身无分文。

很多人的27岁，升职加薪，年入百万元，感情幸福，而我，没有工作，没有收入，银行账户剩下的钱，连下个月的房租都付不起。你要知道，我睡的可是旧金山最便宜的客厅，一个月房租只需要650美元。

在绝境，我收到了Airbnb的面试邀请。当时，Airbnb是硅谷最炙手可热的独角兽公司，我之前申请过三次，从未得到过面试机会。但在我陷入绝境时，我的第四次申请获得了Airbnb的转身。

虽然之前面试失败了50次，但这第51次，我准备好了，顺利拿下。

很多人觉得我花一年的时间"裸辞"、深造、学习、转行，大动干戈，完全没必要，但是这段经历对我影响深远。

后来我决定"裸辞"创业时，我知道自己一定能成功——我曾经彻底破产，穷困潦倒，在那样的情况下我都能坚持下来，还有什么事能难倒我呢？

而我之所以在这段跨越了一年时间、失败了50次的转型经历中坚持跨过"终点线"，可能是在成长过程中发生的另一件事影响了我。

读初一时，有一次我报名参加运动会800米跑步比赛，爸妈都到场给我加油。当时，二十几个女孩子挤在起跑线上摩拳擦掌，发令枪一响，大家全都冲了出去。刚跑出去十来米，我就被身边的女孩子绊倒了，直接扑倒在地，膝盖、右胳膊、右脸，全部"中彩"。那时没有塑胶跑道，跑道上都是砂石，砂石嵌进肉里，疼痛难忍，当时我就哭了。

我爸从看台上跑下来，把我扶起来，要求我继续跑完比赛。这还有啥好跑的，别人全都跑前面了。可是父命难违。于是我在跑道上边掉眼泪边跑，我爸爸在跑道内侧陪着我跑，一边跑一边鼓励我："加油""不要放弃""好样的"，最后，我竟然从二十几个人里的最后一名追赶到第六名。

一个人的坚韧和自信，就是被生活中这样一件件小事打磨出来的。

这一件小事在当时看来没什么，当我长大了回头看时才体会到这件事长远的影响。在后来的成长道路上，我遇到过不少挫折，但是我已经习惯了不放弃、不认输——我肯定能行，我总会把困难踩在脚下，至少我的家人总会在人生的跑道边支持我。

如果你身边总是充斥打压的声音，以至于你也开始打压自己，那么你需要给自己换圈子，主动为自己创造一个成长的环境。我们每个人都可以通过后天的努力，把自己重新培养一次。

挫折是人生路上宝贵的财富，只要你坚持下去，它就会帮助你变得更加自信，让你从相信自己能成就小事，到相信自己能成就越来越大的事。

所以，我想告诉那个怀疑自己、遇到挫折的你，你一定不会失败，顶多只是暂时没有成功。相信这一点，那么你总有一天会取得成功，过上你理想的生活。

开始行动吧

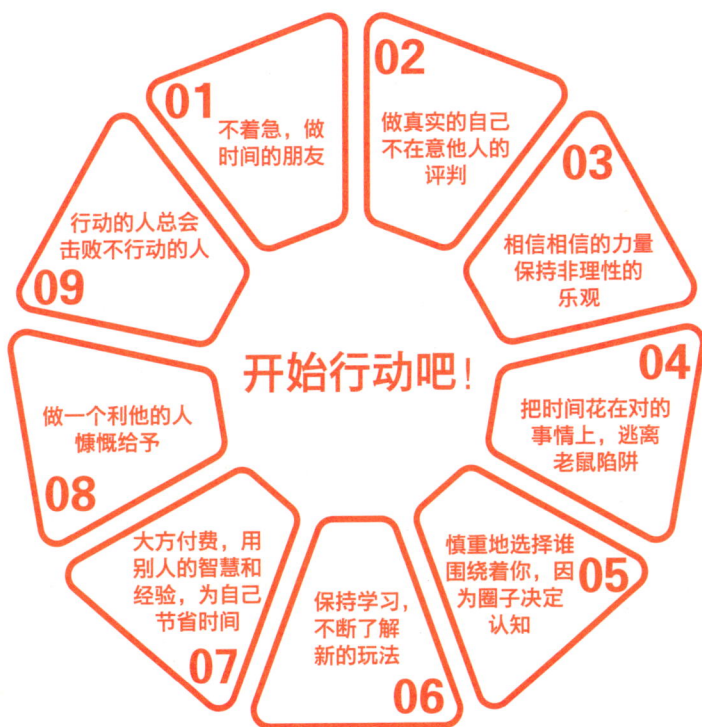

开始行动吧！

01 不着急，做时间的朋友

02 做真实的自己 不在意他人的评判

03 相信相信的力量 保持非理性的乐观

04 把时间花在对的事情上，逃离老鼠陷阱

05 慎重地选择谁围绕着你，因为圈子决定认知

06 保持学习，不断了解新的玩法

07 大方付费，用别人的智慧和经验，为自己节省时间

08 做一个利他的人慷慨给予

09 行动的人总会击败不行动的人

1. 不着急，做时间的朋友

把热爱活成事业，意味着我们要做的是一辈子的事业，并且把

这份事业做到我们不期盼退休。

这意味着，我们不需要急于在今天或明天取得怎样的成果。很多时候，我们会高估自己在一年内能做成的事情，却低估自己在十年内能取得的成就。

所以，保持耐心，做时间的朋友。

如果你已经有了明确的业务方向，知道自己热爱什么，并且清楚如何把这份热爱变成一份能赚钱的事业，那么你的成长速度会很快。因为当方向明确时，你的努力会更有针对性，见到结果的速度也会加快。可能很快，你就能通过你的热爱来谋生，甚至赚到一笔不菲的收入。

但如果你现在处在迷茫的状态，也不需要着急。因为我们每个人一生的功课，就是不断地认识自己。而认识自己是需要时间的，它需要我们不断地和这个世界碰撞，在实践中感受自己的反馈、状态和心流，慢慢找到真正适合自己的方向。

找到方向之后，接下来要做的，就是持续不断地耕耘。越做越好，越做越深，为他人创造价值，同时也为自己带来金钱上的回报和更大的影响力。

这个过程注定需要时间，但却是值得的。

因为当你找到那个正确的方向并且愿意为它倾注你的热爱和努力时，你会发现，这不仅仅是一个赚钱的事业，更是一个让你活出意义、实现自我价值的旅程。

2. 做真实的自己，不在意他人的评判

如果你选择打造个人品牌，经营自己的影响力，那么你一定会

听到各种各样的声音。无论你怎么做，总会有人喜欢你，也总会有人讨厌你。这是表达者的宿命——被误解，甚至被批评，都是不可避免的。

但你要明白，别人的评判并不能定义你。你不需要在意别人是否喜欢你，是否看你顺眼。因为我们把热爱活成事业，是为了能过上理想的生活，我们打造和经营个人品牌，是为了为自己积累数字资产。

你不可能也不需要去迎合所有人。这恰恰是做自媒体最大的魅力所在——每个人都可以闪闪发光，影响和吸引自己的同类人。既然有同频的人存在，就注定会有不同频的人存在。

我们要做的，是去链接那些和我们同频的人，与他们携手同行。只有这样，你才能在这条道路上保持良好的状态，保持信心，积极快乐地持续前进。

同时，你要知道，你对别人的评判，就是你身上的枷锁。

为什么这么说呢？如果你习惯于去评判别人，比如说别人长得不好、视频做得不好、不可能成功，那么当你自己想要尝试做自媒体、想要尝试一件有难度的事情的时候，就会担心别人用同样的标准来评判你。

回想一下，你是不是会在那些你评判别人的领域里，变得更加小心翼翼？

因为总是评判别人的长相、身材，所以也担心别人评判自己的长相、身材……

因为总是评判别人的能力和事业选择，所以也担心别人评判自己能力不足……

对别人的评判，是你对自己的束缚。当你停止评判别人时，你就获得了自由。

所以，做真实的自己，不要评判别人，也不要在意别人的评判。

3. 相信相信的力量，保持非理性的乐观

自信是一种拥有不可思议力量的品质。在我认识的人当中，那些最成功的人往往都自信到"离谱"。我采访过许多创业者，那些真正取得巨大成就并且越走越好的人，几乎无一例外地从一开始就坚信自己不会失败。这种自信并不是普通的"我可能能行"，而是一种不容置疑的信念——"我一定能行"。

你可能会觉得这样的人有点狂，但狂又怎么样呢？他们确实靠着这股"离谱"的自信，加上强大的执行力，最终拿到了结果。他们相信自己能做成事，即便暂时没有做成，也只是因为事情还没有走到最后。而到了最后，他们总能想办法把事情做成。

这种信念特别关键，因为在把热爱活成事业的道路上，我们走的是一条少有人走的路。这个世界上，90%的人不会去创业，也不会主动经营自己的事业。他们大都是那些早上起来按时上班、每个月等着拿工资条的人。而如果你想成为那剩下的10%，就必须做出与90%的人不一样的选择，拥有与他们不一样的想法。

当你选择这条路时，你一定会听到很多反对的声音。有人会告诉你："你不可能成功""这个事情成功的概率太低了""我认识的某人，比你厉害多了，他都没成功，你觉得你能行吗？"

这些话听起来刺耳，但你能说他们错了吗？这就是他们真实的想法，他们没错。只是他们不相信自己能成功，所以他们也不相信你能成功。在他们眼里，你和他们没有区别，都是普通人。但事实是，他们是大多数人，而你要成为少数人。

所以，请一定要相信自己的能力，你要坚信自己可以把热爱活成事业，相信自己能够做成任何想做的事情。

咱们把热爱变成事业的步骤拆解开来，它不过是一个拼图：你需要有内容能力，找到产品方向，具备商业能力，然后一步步拼凑起来。难点在哪儿呢？只要你相信自己，持续行动，保持学习，你没有失败的理由。

当然，在保持非理性乐观的同时，也要具备一定的风险意识。比如，储备好应急资金，避免背负债务和杠杆，确保你掌握自己业务里的核心资产等。乐观不是盲目，而是带着谨慎的乐观。你需要识别风险、规避风险，但永远不要让失败的噪声影响你必胜的信念。

有了这样的品质，没有什么事情能够难倒你。保持"离谱"的自信，同时脚踏实地做事，你一定可以把热爱活成事业，过上自己理想的生活。

4. 把时间花在对的事情上，逃离"老鼠"陷阱

在我们把热爱变成事业的道路上，或者在任何想要自己单干的创业旅程中，你会发现每天都有做不完的事情。

如果你提供咨询服务，那么你可能每天都花大量时间和客户进行一对一沟通；如果你是内容创作者，那么你需要找选题、写

内容、做产品；如果你还要负责销售，那么你得和客户沟通，甚至亲自完成产品交付；如果你组建了团队，那么你还需要招募成员、管理团队、保持沟通。还有一个极大的可能，以上所有事情你全都需要做，事情全都压在你一个人身上。

事情一件接一件，让你感觉自己每天都被推着走。如果你不主动选择时间的分配方式，那么你的时间就会被别人安排，甚至被琐事吞噬。

所以，你必须想清楚：什么事情对你来说是最重要的。

很多重要的事情往往是不紧急的，而紧急的事情却会不停地涌现，逼迫你去快速响应。如果你每天只是在回应这些紧急事务，那么你永远觉得自己很忙，却始终在原地打转。相反，如果你主动规划，把更多的时间放在那些对长期目标最有价值的事情上，你才能真正突破现状。

举个例子，有一位学员是一名心理咨询师。他找到我们时，面临的最大问题是：每天都在做一对一咨询，时间被完全占满，精力被消耗殆尽，但收入却触碰到了天花板，因为他只能用一份时间换得一份收入。

他意识到这种模式无法带来增长，于是希望通过学习自媒体和打造个人品牌，开发出标准化交付的课程。这样，他就能摆脱一对一咨询的束缚，用更少的时间服务更多的人，甚至实现"睡后收入"。

然而，他的问题是：因为每天都忙于一对一咨询，他根本抽不出时间来学习课程，也没有时间去开发课程。于是，他陷入了死循环：每天都在忙碌，却无法改变现状。他的个人品牌没有建立起来，影响力无法扩大，收入也始终停留在"用一份时间换一份收入"的模式中，无法迈向"用一份时间服务更多人"或者"睡觉时也能赚钱"的状态。

这个例子说明了一个关键点：**如果你不主动选择把时间花在对的事情上，你就会被琐事拖累，永远无法跳出"老鼠"陷阱。**

所以，想清楚你现阶段的核心目标是什么，然后毫不留情地为它排序。问问自己：

- 今年一定要做到的目标是什么？
- 这个月最重要的事情是什么？
- 这个星期最需要完成的是什么？

然后，果断安排时间，把精力集中在这些事情上。与此同时，学会分配和授权，比如项目运营、视频拍摄剪辑、团队管理等事务，是否可以交给别人来完成？你要把时间聚焦在对长期业务发展最有价值、你最擅长而且只能由你来完成的事情上。

你的目标，是逃离"老鼠"陷阱，是用热爱去影响更多的人，是过上更自由、更有选择权的生活。明确了这些目标后，再倒推到现在的行为：你正在做的事情，是真正在帮助你实现目标，还是在拖累你的进度？

比如，有些事情看起来立竿见影，却对长期发展没有帮助。每天花时间去跟一个客户聊天、试图销售，看似能够快速带来收入，但这种方式无法帮助你在长期获得更多的客户和更大的影响力。相反，花时间写一篇文章、拍摄一条短视频、写下一本书里的一个章节，虽然看起来短期内你不会立刻从中赚到钱，但长期来看，这些举动会不断扩大你的影响力，为你链接更多资源和机会，最终彻底改变你的人生轨迹，见证复利效应的奇迹。

想一想：

- 什么事情是重要但不紧急的？
- 什么事情是紧急但不重要的？
- 什么事情是既紧急又重要的？

对于重要且紧急的事情，立刻去做；对于紧急但不重要的事情，考虑是否可以交给别人完成；而重要但不紧急的事情，一定要安排时间，确保在规定时间内完成。只有这样，你才能把时间花在对的事情上，让事业越做越好。

你的热爱之所以能够变成事业，是因为它能让你持续输出价值，影响更多的人。而这需要你在解决温饱问题之后，注意把时间更多放在那些看似短期无效，但长期能够带来巨大回报的事情上。

比如学习新知识、创作内容、打造个人品牌，这些事情可能不会立刻见效，但它们能够让你在未来拥有更多的选择权和自由。

每一天都问问自己：我现在做的事情，是否在帮助我实现目标？是否让我离自由的生活更近一步？只有不断反思和调整，你才能真正把时间花在对的事情上，逃离"老鼠"陷阱，过上用热爱成就事业的快乐人生。

5. 慎重地选择谁围绕着你，因为圈子决定认知

如果不是连续多次给自己换圈子，很难想象我会多花多长时间，才能走出原来生活和工作环境的泡沫，走上追随热爱、把热爱变成人生事业的道路。

有一句话说得很好：你就是你平常接触的6个人的平均值。所以，先看看你现在的圈子：你平时接触的都是些什么人？你们讨论的是什么样的话题？这些人对你是起到了带动作用，还是在拖你的后腿？你和他们的交流能让你不断成长，还是让你停滞不前，甚至倒退？

如果你发现自己并没有在成长，甚至被周围的人影响得越来越消极，那么是时候在心里亮起红灯了：你需要给自己换一个圈子。

我曾经采访过一位亿万富翁，他说了一句话让我印象深刻："我的朋友里没有穷人。"听起来是不是不舒服？但这也许正是为什么他能在非常年轻时就赚到别人无法企及的财富。

因为他的圈子里没有穷人，所以他和朋友们讨论的永远是生意、创业、商机。他每天耳濡目染的，都是和赚钱、成长有关的信息和思维方式。在这样的环境里，他怎么会穷呢？

如果换到一个身边都是穷人的环境，那么他们每天讨论的可能是"赚钱好难""找工作太难""经济形势越来越差"。这些消极的声音听多了，你也会慢慢相信："赚钱确实很难，我穷不是我的问题，是市场、环境、政策的问题。"久而久之，你会被这种思维牢牢限制住，变得越来越消极。

所以，我能理解那位创业者为什么会说："我不跟穷人做朋友。"虽然这句话听起来有些扎心，但它揭示了一个现实：你的圈子决定了你的认知，而你的认知决定了你的行动，最终决定了你的结果。

如果你现在的圈子不是你想要的，不能帮助你成长为你理想中的自己，那就果断换掉吧。朋友是陪你同行的，而不是需要你拖着拽着一起上路的。如果你们已经不在同一个频率上，那么试图让对方跟上你的步伐，只会耗费你的时间和精力。

人生就像一个不断滚动的圆圈，随着你向前走，圆圈跟着向前，新的同频伙伴会加入进来，也会有旧的人离开。不要害怕有人离开，这是成长的必然过程。

当然，我并不是推荐大家和这位亿万富翁朋友一样，用财富量级作为筛选朋友的标准。每个人身上都有值得学习的东西，但关键是，你要确保这些人能推动而不是阻碍你的成长。

如果你想把热爱活成事业，那么你首先要进入一个由"把热爱活成事业"的人组成的圈子。他们已经取得了你想要的结果，他们的思维方式、行动模式、讨论话题都在潜移默化地影响你，让你通过交谈学习到更多优质的信息和经验。这样的圈子，才是能够推动你成长的圈子。

反之，对于那些不相信热爱可以变成事业的人，那些总是告诉你"这件事不可行"的人，他们的建议你要慎重听取。因为如果你一直听这些消极的声音，你也会慢慢变得消极，觉得无法做到自己想做的事。

世界上有很多条通往成功的道路，但有一点是确定的：**你的圈子决定了你离成功的距离。**

想要更快地获得成长，你需要靠近那些走在你想走的道路上、比你现阶段更成功的人。通过链接他们，你会加速成长。

所以，慎重选择你身边围绕着的人，再怎么强调圈子的重要性都不为过。

6. 保持学习，不断了解新的玩法

面包需要按照配方来制作，赚钱也是一样的道理。

做面包时，配方只是记在脑子里，但它决定着你能不能做出一块好面包。同样，把热爱变成能赚钱的事业，也有自己的"配方"，而这个配方，就是你所学到的知识和技能。你学习什么，就会成为什么样的人。这意味着，你必须注意自己在学什么，因为你的精神力量非常强大，你学到的东西会深刻塑造你的人生。

比如，如果你学习烹饪，你就会经常想着做菜；如果你不想成为厨师，那就应该学习其他领域的知识。 如果你想把热爱变成事业，那么你就需要学习商业知识；如果你学习商业知识，你自然而然就会经常研究别人的商业模式。

但现实中，大多数人在"赚钱"这件事上，只知道一个最基本的运行模式：起床、上班、拿工资、支付账单、买房子、买基金、买股票，然后继续上班。这种循环往复的生活方式，或许对某些人来说是安全的选择，但如果你对自己的工作感到厌倦，或者觉得这样的生活不是你想要的，甚至觉得赚的钱根本不够多，那么答案其实很简单：改变你的运行模式。

我个人每年都会在学习上投资超过6位数的金额，这些投资帮助我走在信息的前沿，尤其是海内外商业信息的前沿。我会根据自己的需求每年制订一个学习方向和学习计划，比如2025年，我的重点就是精进心理学和销售能力。通过持续学习，我的认知不断提升，也总能找到创造更大价值、高效放大商业价值的方式。

学习是"反人性"的，但学习也是改变命运的关键。

很多人学习只是为了满足内心的安慰，觉得"学了点东西，心里踏实"。但如果你能真正把学到的知识用在实际工作和生活中，你会发现，学习带来的回报是巨大的。某一天，你可能会突然意识到，自己一天能赚到的钱，已经比很多人一辈子赚到的还多。

在现在这样快速变化的时代，学到的东西再多都不算多，因为当你学到某个知识时，它可能已经过时了。这就凸显了一个核心问题：**你的学习能力有多强？你能学得多快？**学习能力，才是你真正的核心竞争力。

那么，学习的捷径在哪里？

7. 大方付费，用别人的智慧和经验，为自己节省时间

和很多自认为聪明的人一样，我曾经也觉得知识付费就是"割韭菜"。为什么要去买别人的课程呢？网上不是有那么多免费资料吗？可以自己去搜信息、看书啊，把这些零散的信息拼凑起来，不也一样吗？

所以，在我2022年年初"裸辞"之后的前半年，我几乎没有买过什么课。那段时间，我的心态就是：我不想当"韭菜"。

于是，我选择自己去拆解别人的内容，研究、对标，观察那些拥有百万粉丝的博主在做什么产品，然后结合网上的帖子，试图打造自己的产品。

然而，渐渐地，我发现自己自以为聪明，却浪费了大量时间。因为在创业的前半年，我做的产品完全是错误的，根本不是我那个阶段应该做的产品。那些百万粉丝博主有影响力，有资

源，有积累，而我作为一个新手，怎么可能跟他们做一样的事情呢？

在不同阶段有不同的打法，而我自以为聪明，拆解别人，只看到了表面，却没有理解背后的"本质"。如果当时我可以跟他们学习，向他们请教，问一句："您看我现在这个情况，商业化道路应该怎么走？"别人的一句话回答，也许就能帮助我节省至少半年的时间。

没过几个月，我意识到自己浪费了时间，于是决定调整策略。我明白了，最快的办法，就是向那些已经拿到结果的老师请教，向那些比我早走几步、愿意分享经验的人学习。

于是，我开始购买知识付费课程，哪里不会就学哪里。后来，我还找到了一位老师，她招收私教学员，可以每周和我一对一对话，帮我解决具体的个性化问题。

当时，我花了五六万元，申请成为这个老师的三个月私教学员。对当时的我来说，这是一笔巨款，因为那时我的收入还不多，一下子拿出五六万元让我非常犹豫。但事实证明，这是一个无比正确的选择。

在成为这位老师的私教学员后，我很快赚回了投资并使其翻了数番，还节省了大量探索的时间。

在三个月里，我打磨出了自己的产品，并学会了如何在自媒体平台上营销推广，突破了许多关于销售和认知的卡点。我的第一个产品做得非常专业，像模像样。再加上我本身擅长做内容，产品一推出就不缺客户，所以我很快就把学费翻倍赚了回来。

在了解到知识付费是最大的捷径之后，我又陆续购买了其他老师的课程，针对不同的问题寻找解决方案。

今天，我每年在不同的老师、专业顾问、合作伙伴那里花费至少六位数。为什么要这样做呢？因为我认为，如果别人是专业的，那么他们的服务就能为我创造财富，而他们创造的财富越多，我挣到的钱也就越多。我们生活在信息时代，信息是无价的。

当然，并不是我有火眼金睛，找到的每一个老师、参加的每一门课程都无比超值，我只是不觉得自己在"被割韭菜"。因为如果认为自己是"被割韭菜"，那就把自己放在了受害者的位置，陷入了受害者心态。这种心态对于我的成长没有任何益处，只是把责任推卸给了外界。

真正厉害的人，会从每一份经历中学到东西。所有的经历，无论好坏，都在帮助你变得更强大，让你成为一个更好的人。不管是学习技能，还是加深对世界和他人的理解，只要你愿意用心去思考，就没有"白费"的经历。

通过为知识付费，我至少在自媒体商业的道路上节省了几年的时间。而且，因为我突破了对"知识付费"的心理卡点，这也让我在开发自己的产品时更有信心。因为我知道，我的产品同样是在为别人创造价值，帮助那些比我晚起步的人更快、更有效地拿到结果，帮他们节省半年、一年，甚至更长的时间。

在创业的过程中，我经常和一些创业者聊天，访谈身边优秀的朋友，我发现，那些成长迭代飞快的人，都有一个共同点：他们从不吝啬花钱投资自己，也从不吝啬让身边围绕着各行各业最优秀的顾问，帮助自己解决问题。

比如，你遇到一个法律问题，自己在网上搜答案可能需要一天甚至几天时间，还未必能找到准确的信息。但如果你花钱请教一个专业的法律顾问，也许他的一句话就能帮你解决问题。

财务问题同样如此，你想搞清楚最新税收政策，于是在网上四处收集信息，结果可能花了你几个小时甚至几天时间，但如果你请教一个专业的财务人员，他几句话就能帮你厘清思路。

很多人总觉得自己省了钱，却没有算过自己浪费的时间值多少钱。与其花几天时间去摸索，不如花钱买别人的时间，用最短的时间解决问题。

这就是为什么有些人年纪轻轻就能取得惊人的成长，具备远超同龄人的认知。因为他们把钱当作杠杆，借助别人的智慧和经验，省下了自己的时间。

时间是我们每个人不可再生的资源。每个人每天只有24小时，一辈子平均也就只有80年。钱花掉是可以成倍地赚回来的，但是时间一旦流逝，就再也回不来了。

我在视频里分享过一位朋友的访谈，他出身于农村，但是后来实现人生逆袭、融资过亿元。在这一期访谈的最后，我问他对别人有什么建议，他说："知识付费是这个世界上最明显的捷径之一。"原因是他前段时间花了66万元进入了一个圈子，里面都是经过筛选的优质伙伴，通过深度链接这些人，他切实受益，所以顺口分享了出来。

视频发布后，评论区有人说："嘉宾最后一句话暴露了自己的意图，说了这么多，他不就是为了割韭菜吗？"

这就是人与人之间的差距。上士闻道，勤而行之；中士闻道，若存若亡；下士闻道，大笑之。

如果你希望把热爱变成事业，那么就多靠近那些已经把热爱变成事业的人；如果你希望多赚钱，那么就靠近那些很会赚钱的人。无论你当下最需要的是什么，找到榜样聚集的圈子，多向你的榜样学习。你会发现，你的成长速度会越来越快，会和原来的圈子拉开差距，最终成为他们眼中"非常厉害"的人。

但他们不知道的是，你走了一条他们面前也有、却未必会选择的捷径——向优秀的人学习，借助别人的智慧和经验，节省自己的时间。

8. 做一个利他的人，慷慨给予

我们都希望能够把自己的热爱变成事业，然后通过这份事业赚到钱，最终过上理想的生活。这也是我希望通过这本书帮助大家实现的目标。

但如果你想让事业更成功、人生更幸福，希望在过程中获得更多人的支持和托举，那么你首先要做到的一点就是：成为一个利他的人，一个愿意慷慨给予的人。

无论是把热爱变成事业，还是打造个人品牌或产品，你都需要先问自己一个问题："我能为别人提供什么价值？"如果你的个人品牌是通过内容建立的，那么内容一定要对他人有用，能够帮助别人解决问题。只有通过无私地给予，慢慢地，你的个人品牌资产才会像滚雪球一样越滚越大。

打造产品也是同样的道理。创业的出发点不应该是"我能赚多少钱"，而是"我能为别人创造什么价值？""我能帮别人解决哪些问题？"当你认认真真地思考并回答这些问题后，你会发现，价值的回报是自然而然的结果。

种下一颗好种子，种子会生根发芽。西方谚语说："上帝不需要得到，但人类需要付出。"你想要什么，首先要把这个东西给出去。只要你愿意付出，回报迟早会以某种形式来到你身边。无论是金钱、爱情、幸福、影响力，还是销售和成交，都遵循这个规律。你想要，就得先去给予。

比如，当别人没有对你微笑时，你先主动微笑着跟别人打招呼，你就会发现，身边会多出许多面带微笑的人。当别人没有为你加油呐喊时，你先为别人加油喝彩，你就会发现，当你取得一点点成就时，周围的人都会由衷地为你开心、为你喝彩。

你的世界，其实就是你的一面镜子。

在我做自媒体的早期阶段，我一边上班，一边用业余时间做了几十条视频，写了数十篇公众号文章，积累了几万个粉丝。但在那两年时间里，我没有试图从中赚一分钱。

但后来，当我决定把这份热爱转化为商业时，我发现自己的起步比别人快了很多。这并不是因为我比别人更优秀，而是因为我已经给予了很多，种下了许多美好的种子。

如果你想把热爱变成事业，那就先把你的热爱分享给别人，帮助别人解决问题。金钱和影响力上的回报，都会在这个过程中以你意想不到的方式回流到你身上。

所以，真正的关键是：成为一个利他的人。

当你愿意给予，当你乐于帮助别人，你会发现，这个世界也会以加倍的善意回馈你。

9. 行动的人总会击败不行动的人

现实中，有很多人喜欢思考，却迟迟不愿意付诸行动；也有很多人喜欢行动，却不愿花时间去深入思考。而我既喜欢思考，也非常乐于行动。我相信，在行动中思考，并在思考中不断迭代，才能真正找到方向。这就是"**先开枪，再瞄准**"的原则。

这种方式可能会让你在前进过程中犯一些小错误，但这些错误往往无伤大雅。更重要的是，你已经行动起来了，而行动的力量会让你成长得比别人快得多。

如果你想把热爱变成事业，无论你是暂时还没有找到自己的热爱，不确定自己热爱什么，还是不知道如何打造个人品牌、搭建团队、设计产品或销售，你一定会遇到很多不确定的问题。即使你买了再多的课程，向再多的大师请教，你也未必能找到一个"完美的答案"。

解决方案只有一个：行动。

真正阻碍我们取得成绩的，不是我们的想法是否完美，也不是我们的方案是否周全，而是我们是否迈出了第一步。

为什么行动如此重要？因为行动会带来反馈，而反馈会让你快速成长。很多时候，你在行动中会发现原本想不清楚的事情，它们会随着你的实践逐渐明朗。你可能会发现，原本以为复杂的问题其实并没有那么难，而那些看似简单的事情，可能需要更多的耐心和优化。

行动是最好的老师。你可以在行动中验证自己的方向，发现自己的优势，找到问题的根源，并不断调整优化。相比之下，光靠思考是无法获得这些宝贵的经验的。

当然，有时候我们确实会陷入拖延，或者因为害怕失败而迟迟不敢行动。如果你发现自己总是行动不起来，那就给自己换一个圈子。找到那些已经在行动的人，与他们同行，让他们的行动力带动你。圈子的力量会让你摆脱拖延，帮助你进入"边做边学"的正循环。

完美的时机永远不会出现。与其等待，不如现在开始。最重要的不是你是否已经准备好，而是你是否愿意迈出第一步。

所以，现在就开始行动吧！不要害怕犯错，不要害怕不完美。行动的人总会击败不行动的人，因为每一次行动都会让你离目标更近一步。

致谢

写完这本书，我深深地意识到，任何一个人的成长和成就都不是孤立完成的。这本书的诞生，离不开许多人的支持与陪伴。在这里，我想向每一位帮助过我的人表达由衷的感激。

1. 感谢我的父母

首先，感谢我的爸爸妈妈，在我选择不走传统道路、决定全力投入自媒体创业时，是你们的爱与支持，给了我无条件的勇气去追逐自己的梦想。虽然你们并不理解和支持我放弃高薪工作，但是在我"裸辞"之后，全力支持我、在国内替我跑前跑后办手续的人依然是你们。

小时候参加运动会，你们总是站在跑道旁为我呐喊助威。如今，在人生的跑道上，你们依然在我身边，为我加油。谢谢你们，成为我最坚实的后盾。

2. 感谢我的丈夫

当我提出想要"裸辞"时，你感到十分不安，但在创业路上，你却成了我身边最可靠的智囊团。你是那个被我指手画脚的

"免费摄影师"，也是提醒我坚持锻炼、保持健康的人，更是默默支持我每一个疯狂决定的人。

你知道我有一个写书的梦想，过去5年里，你不止一次提醒我："什么时候能把书写出来？"现在，它终于问世，我想，除了我，最为它骄傲的人，一定是你。甚至，向来内向的你，也开始考虑和我一起出镜拍视频了。谢谢你的陪伴，让我的创业之路多了一份安心和温暖。

3. 感谢我的团队

"小而美"创业，并不意味着孤军奋战。

感谢我的团队、我的"战友"们，虽然我们大部分时间远程协作，分散在不同的城市，甚至不同的国家，但是每一次沟通都默契十足。

特别感谢Jane #龟道来兮、王大可，你们是我最早期的学员、最早期的助教，后来成为团队核心，一起见证了一粒种子从发芽到长成小树的全过程。

和喜欢的人一起做喜欢的事，是一件幸福的事。感谢团队的每一位伙伴，感谢你们的靠谱、有爱、努力付出。

4. 感谢编辑老师和团队

这本书的诞生，离不开专业且耐心的编辑团队。特别感谢姚新军（@长颈鹿27）老师，早在2020年，我们就聊过出书的事，没想到时隔5年，我终于把它写出来了。感谢你的督促、跟进和鼓励，让这本书得以呈现出现在的模样。

也感谢设计师和编辑出版团队的每一位成员，你们的用心打磨，让这本书不仅内容扎实，也能以更好的形式呈现在读者面前。

5. 感谢我的前辈、盟友们

创业的路上，每一个关键的决定，都离不开前辈的点拨和盟友的建言献策。感谢你们的建议、鼓励和分享，让我少走了很多弯路。

感谢我在Airbnb的前同事Lenny Rachitsky、Emma Ding，你们比我早一两年离开职场，从事自媒体创业，我有幸亲眼见证你们从0到1的发展历程，这给了我十足的信心。

感谢行动派琦琦、王润宇、黄有璨、李尚龙，作为自媒体创业领域的前辈，感谢你们在不同阶段给我带来的帮助和影响，推动我前进。

感谢Angie颖婷，你是我在自媒体创业道路上的同行者，感谢过去这几年，一路上一直有你的支持、鼓励、建议。

感谢我的勇士合伙人们，是你们让我看到了圈子的力量，体会到和同频伙伴们抱团前行的重要性。创业路上太多孤独，而你们让我体会到，一个人可以走得很快，一群人可以走得更远、更稳。

6. 感谢新书试读读者们

感谢我的新书试读读者，在我完成书稿初稿后，给了我很多宝贵、详细的修改建议，帮助这本书成为现在的样子。感谢（排名不分先后）：Aaron陈老师、Ida|达尔丸、Sam、卓琳|Lynn、王大可、Jane #龟道来兮、蒋蒋、路炀、乌小晚、麗鳳|Lime Lau、 real猫猫怪、Yvonne.Yuan、Monk蒙克、沉香、CY、Lina、醒醒、Vicky。

感谢你们的认真阅读和细致建议，让这本书得以变得更好。

最重要的——感谢你

感谢每一位读到这本书的你。

或许你正处于迷茫，不知道自己的热爱是什么；或许你已经找到热爱，却不知如何迈出下一步；又或许你已经在路上，但仍困惑于如何把热爱变成一份可持续的事业。

这本书的每一页，都是写给你的——那个不甘被工作束缚、渴望用热爱找到自由的你。

如果这本书能为你点燃哪怕一丝火花，激发你迈出第一步，那我的努力便值得了。

如果你有任何反馈，或者想和我联系，请搜索并关注微信公众号"凯莉彭"，你的反馈会成为我继续创作的动力。

愿我们都能用热爱点燃生活，把热爱变成事业！

凯莉彭

2025年4月